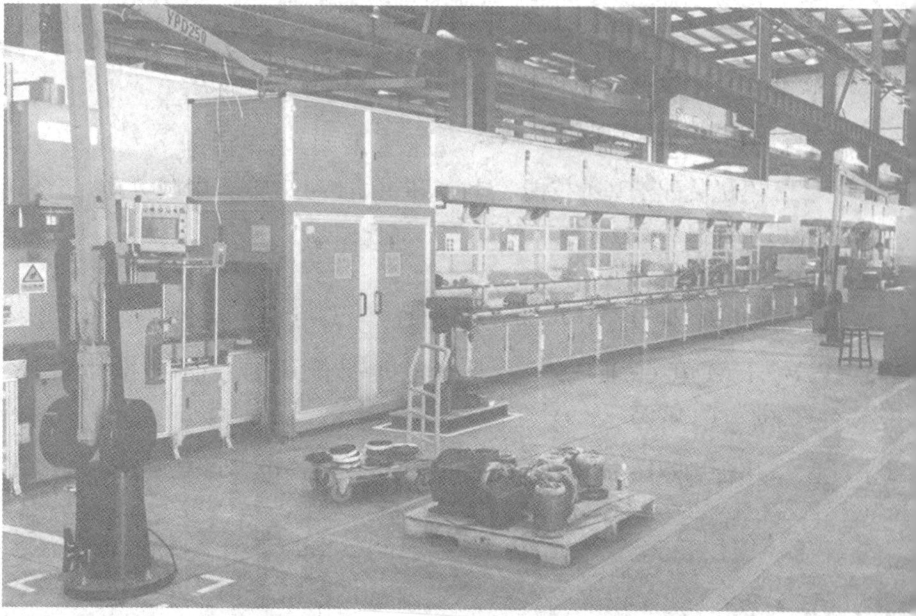

电机装配工基本技能

就业技能培训教材

人力资源社会保障部职业培训规划教材
人力资源社会保障部教材办公室评审通过

主编　刘茂和

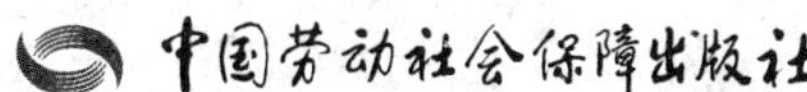

图书在版编目(CIP)数据

电机装配工基本技能 / 刘茂和主编. -- 北京：中国劳动社会保障出版社，2021

就业技能培训教材

ISBN 978-7-5167-5089-6

Ⅰ. ①电… Ⅱ. ①刘… Ⅲ. ①电机-装配-职业技能-技术培训-教材 Ⅳ. ①TM305

中国版本图书馆 CIP 数据核字(2021)第 208141 号

中国劳动社会保障出版社出版发行

(北京市惠新东街 1 号　邮政编码：100029)

*

北京市艺辉印刷有限公司印刷装订　新华书店经销

880 毫米×1230 毫米　32 开本　4.5 印张　93 千字

2021 年 11 月第 1 版　2021 年 11 月第 1 次印刷

定价：12.00 元

读者服务部电话：(010) 64929211/84209101/64921644

营销中心电话：(010) 64962347

出版社网址：http://www.class.com.cn

前　言

国务院《关于推行终身职业技能培训制度的意见》提出，要围绕就业创业重点群体，广泛开展就业技能培训。为促进就业技能培训规范化发展，提升培训的针对性和有效性，人力资源社会保障部教材办公室对原职业技能短期培训教材进行了优化升级，组织编写了就业技能培训系列教材。本套教材以相应职业（工种）的国家职业技能标准和岗位要求为依据，力求体现以下特点：

全。教材覆盖各类就业技能培训，涉及职业素质类，农业技能类，生产、运输业技能类，服务业技能类，其他技能类五大类。

精。教材中只讲述必要的知识和技能，强调实用和够用，将最有效的就业技能传授给受培训者。

易。内容通俗易懂，图文并茂，易于学习。

本套教材适合于各类就业技能培训。欢迎各单位和读者对教材中存在的不足之处提出宝贵意见和建议。

人力资源社会保障部教材办公室

内 容 简 介

本书是电机装配工就业技能培训教材，书中的电机主要指中小型三相交流异步电动机和单相交流异步电动机，其他特种电机的结构与其有所差异，但大同小异，可参考本书学习。书中重点介绍的电机构造及电机装配技能均以三相中小型交流异步电动机为代表，并对单相交流异步电动机与之有差异的部分进行补充。在具体内容安排上，首先介绍电机装配工的岗位认知和安全生产知识，其次介绍电机结构、原理等电机装配基础知识，最后介绍电机装配操作技能。本书图文并茂，语言通俗易懂，所介绍的装配技术和设备均来自国内中小型电机行业技术先进企业，具有先进性、实用性和代表性。

本书适宜电机生产企业培训电机装配人员使用，或供电机应用和维修人员学习使用，也可作为编制电机相关工艺的参考资料。

本书由福建省劳动就业服务局和福建省福安市电机工程学会组织编写，刘茂和任主编，缪则光任副主编，李春玉、苏杰、李鑫华参与编写。福安市电机工程学会、福建天宜电器有限公司和福安市三叶电机有限公司等单位的领导及相关人员在本书的编写过程中给予了大力支持和帮助，特别是得到了主审才家刚老师的指导，在此一并表示衷心的感谢。

目　录

第1单元
岗位认知和安全生产知识

模块1　电机装配工岗位职责和素质要求

电机装配工是使用工具、量具、仪器仪表和工艺装备，进行电机零部件和总成组合装配与调试的人员。电机装配是电机生产一线重要的岗位，对从业人员的岗位职责和素质有一定的要求，具体内容如下。

一、岗位职责要求

1. 遵守纪律，服从安排

每个电机装配工，都是企业的一员，必须遵守企业的各项规章制度，遵守劳动纪律，服从领导（包括车间主任、班组长等）的工作安排。

2. 接受工作指令

电机装配工的直接领导是车间主任或装配班组长，必须严格执行他们下达的工作指令，保质、保量、按时完成各项工作。特别是生产流水线的装配工，必须要与生产线上其他人员的作业节奏保持同步，以免影响整条生产线的效率。

3. 严格执行各项装配工艺规程

熟悉电机装配的工艺守则，掌握装配工艺规程，严格按照工艺规定的质量要求进行规范化操作。

4. 严格执行生产车间 6S 作业标准

6S 是指整理（SEIRI）、整顿（SEITON）、清扫（SEISO）、清洁（SEIKETSU）、素养（SHITSUKE）、安全（SECURITY）6 个要素，因其英文均以 S 开头，所以简称 6S。通过严格执行 6S 管理制度，使工作场所保持清洁、工具的摆放整齐规范，从而保障车间生产有序进行。

5. 反馈存在的问题

及时发现生产过程中出现的问题，并向班组长或车间主任及时反馈，对工艺过程存在的问题提出合理化改进建议。不能将存在质量问题或有质量隐患的零部件带给下道工序。

6. 安全文明生产

认真学习安全知识，熟练掌握各种装配设备的安全操作规程，禁止违规操作。了解生产车间可能出现的安全问题，在生产中特别注意加以防范，避免安全事故的发生。

二、素质要求

1. 文化素质

必须达到初中毕业或相当于初中毕业以上的文化水平，能领会、听懂一般电机装配知识培训的讲解内容。同时要求在工作中不断学习，提高自身文化水平，丰富电机装配知识。

2. 基本操作能力

通过短期学习和训练，能掌握常用工具、设备及仪表（如螺钉旋具、扳手、验电器、万用表等）的使用，基本掌握电机转子与轴承装配、定子铁芯与机座装配、整机及接线盒装配等操作技能。

3. 接受能力

经过电机装配技能培训，熟悉电机基本结构，了解电机的基本原理。

4. 自制力

有时间观念，严格遵守企业的作息时间，讲究工作效率，保证生产任务按时完成，具备基本的行为控制能力和执行能力。

5. 工作态度

工作认真、态度端正，具有较强的责任心和上进心。

6. 安全意识

了解基本的安全生产知识，具有较强的安全意识，能够认真学习企业的安全知识，掌握装配用设备的安全操作技能。

模块 2　安全生产知识

一、关注安全

1. 关爱生命

生产中最要关注的是人身安全，倘若人的生命都不存在了，再说事业成功、家庭幸福则没有任何意义了。所以，不管是刚入企的新员工还是老职工，都必须关注安全、关爱生命。

2. 坚持“安全第一，预防为主”的方针，消除事故隐患

《中华人民共和国安全生产法》明确规定，安全生产工作应当以人为本，坚持安全发展，坚持安全第一、预防为主、综合治理的方针。所有生产经营企业在组织生产过程中，必须把保护人的生命安全放在第一位。

所谓的事故是指在生产和行进过程中，造成人员死亡、伤害、职业病、财产损失或其他损失的意外事件。事故的发生是有原因和预兆的，一次重大事故前必然孕育着许多事故隐患，要随时消除事故隐患，避免事故的发生。“事故金字塔理论”揭示了一个重要事故预防原理：要预防死亡重伤害事故，必须预防轻伤害事故；预防轻伤害事故，必须预防无伤害无惊事故；预防无伤害无惊事故，必须消除日常不安全行为和不安全状态；而能否消除日常不安全行为和不安全状态，则取决于日常细节管理，也就是要以日常的预防为主。

二、造成生产安全事故的原因

1. 人为因素

人员缺乏安全生产知识，安全意识淡薄。因疏忽大意或采用不安全的操作方式等而引起事故，如违章操作或违反劳动纪律。

2. 物的因素

因机械设备工具等有缺陷或环境的不安全因素而引起事故。包括缺少安全防护装置如防护、保险、联锁、信号等或设备、设施、工具、附件有缺陷；个人防护用品、用具缺少或有缺陷；生产（施工）场地环境不良。

3. 综合因素

上述两种因素或其他综合因素。

三、电机装配工的安全须知

1. 虚心学习，掌握安全生产知识和技能

以认真的态度虚心学习，努力学习安全知识，反复练习安全生产技能。

2. 遵守安全生产的一般规则

“安全三原则”：整理整顿工作地点，营造并保持整洁有序的作业环境；经常维护保养设备、设施；按照规范标准进行操作。

3. 认真参加安全生产教育活动

工厂一般设有“三级安全教育”，即厂级、车间级、班组级。按企业的要求参加各级安全教育活动。

4. 严格遵守安全生产规章制度和操作规程

做到“五必须”：①必须遵守厂纪厂规；②必须经安全生产培训考核合格后持证上岗作业；③必须了解本岗位的危险、危害因素；④必须正确佩戴和使用劳动防护用品；⑤必须严格遵守危险性作业的安全要求。

做到“五严禁”：①严禁在禁火区域吸烟、用火；②严禁在上岗前和工作时间饮酒；③严禁擅自移动或拆除安全装置和安全标志；④严禁擅自触摸与已无关的设备、设施；⑤严禁在工作时间串岗、离岗、打瞌睡或嬉戏打闹。

5. 做到“三不伤害”

“三不伤害”是指不伤害自己、不伤害他人、不被他人伤害。两人以上共同作业时，注意协作和相互联系，注意其他人的安全。

6. 注意遵守安全警示标志要求

生产经营单位应当在有较大危险因素的生产经营场所和有关设施、设备上，设置明显的安全警示标志。

安全标志可分为禁止标志、提示标志、警告标志和指令标志四类（见封二、封三）。

禁止标志是禁止人们不安全行为的图形标志。其含义是不准许或制止人们的某种行为。基本形式为带斜杠的图形框，白底、红圈、红杠黑图案。

提示标志是向人们提供某种信息的图形符号。其含义是示意目标方向。基本形式是正方形边框，绿底白图案。

警告标志是提醒人们对周围环境引起注意，以避免可能发生危险的图形标志。其含义是使人们注意可能发生的危险。基本形式是黑色的正三角形边框，黄底黑图案。

指令标志是强制人们必须做出某种动作或采取防范措施的图形标志。其含义是表示必须遵守的规定。基本形式是圆形边框，蓝底白图案。

7. 正确佩戴使用劳动防护用品

劳动防护用品按照人体防护部位分为十大类：头部防护用品、眼面防护用品、听力防护用品、呼吸防护用品、手臂防护用品、躯体防护用品、足腿防护用品、坠落防护用品、皮肤防护用品、其他防护用品。在不同的工位工作时需按要求佩戴相应的防护用品。

8. 使用安全装置和安全设施的注意事项

“四有四必”：有台必有拦，有洞必有盖，有轴必有套，有轮必有罩。

9. 生产区域行走的安全规则

在指定的安全通道上行走，有人行横道线之处应走横道线。横穿通道时，看清左右两边，确认无车辆行驶时才可以通行。禁止在正进行吊装作业的行车下行走，不准在吊运物件下通行或停留。不得进入挂有“禁止通行”或设有危险警示标志的区域。禁止在设备、设施或传送带上行走。在沾有水或油的地面或楼梯上行走时要特别注意防滑跌。

10. 开工前、工作中、完工后的安全检查

开工前了解生产任务、作业要求和安全事项。工作中检查劳动防护用品穿戴、机械设备运转安全装置是否完好。完工后应将各自负责的设备的电源开关断开。整理好用具和工件箱，放在指定地点；危险物品应存放在指定场所，填写使用记录，关门上锁。

四、几种通用作业的安全要求

1. 用电安全基本要求

车间内的电气设备不要随便乱动，设备发生故障不能带故障运转，应立即请电工检修。经常接触使用的配电箱、刀开关、按钮开关、插座以及导线等，必须保持完好。需要移动电气设备时，必须先切断电源，导线不得在地面上拖来拖去，以免磨损，导线被压时不可硬拉，防止断裂。打扫卫生、擦拭电气设备时，确保关闭电源，严禁用水冲洗或用湿抹布擦拭，以防发生触电事故。停电检修时，应将带电部分及通电开关遮拦起来，悬挂安全警示标志牌。

2. 防火安全要求

一方面，要制定防火安全的相关制度，并组织专项训练和培训，现场需做好防火安全的相关警示并配备必要的防火器具，如灭火器、消防栓等。另一方面，操作者必须要有防火安全意识，避免在实际操作中使电气设备超负荷、短路、接触不良、产生静电火花等，引起可燃气体等可燃物燃烧。避免将火种带入有易燃物品的区域（如喷漆区、浸漆区）。

3. 扑救火灾的原则

如遇火灾，需积极参与灭火，扑救火灾的过程遵循以下原则：边报警，边扑救；先控制，后灭火；先救人，后救物；防中毒，防窒息；听指挥，莫惊慌。

模块 3　质量管理及质量意识

一、质量管理体系概述

质量管理体系是企业建立的质量活动的一个标准体系，其依据是《质量管理体系　要求》(GB/T 19001—2016/ISO 9001：2015)。质量体系文件有《质量手册》《程序文件》《作业指导书》《管理制度》以及各种质量记录表单等。其中《作业指导书》《管理制度》属操作性较强的第三层文件。电机装配工作为组织的一员，又是一线操作者，进厂时必须对岗位涉及的第三层文件进行认真学习，掌握《电机装配作业指导书》，并学习相关的管理制度，如设备管理制度、设备安全操作规程等。

质量管理体系的主体文件是《质量手册》，其内容包括质量方针、质量目标及产品的开发设计、生产过程的控制、不合格品控制和质量的纠正、预防和改进措施等。建立并执行质量管理体系的目的是持续改进。电机装配工如在生产中出现较多的不合格品或产生较大的质量事故，就必须通过质量体系中规定的质量分析方法进行分析和改进。

二、电机装配工的质量意识要求

电机装配工的工作质量直接影响电机产品质量。因为产品的质量是制作出来的，而不是检验出来的，所以要求电机装配工必须有很强的质量意识。一个很小的装配质量问题，就可能给客户造成严重的事故，从而造成很大的损失，因此有句话叫“质量问题无大小”。对电机装配工，有以下几点质量意识要求：

（1）严格按质量体系的要求开展各项工作。一切与质量相关的活动，都要按质量体系的规定执行，包括质量信息的反馈、技术图纸及工艺文件的使用、相关的质量记录等。

（2）严格按工艺要求进行装配操作。不同系列产品的工艺要求和操作可能有所区别，应该按相应系列产品的作业指导书进行操作，不要按自己的主观意识随意更改操作规程。

（3）在装配过程中，发现会影响产品质量的零部件时，一定要做好标识，及时隔离，并反馈到有关部门进行处理。如发现可能出现的质量隐患，要及时提出并进行排查。同样，如果发现在实际操作中一些技术、工艺文件不符合实际情况，也应反馈到相关技术管理部门，进行验证、变更后按新规定执行。

（4）积极参与组织开展的各项质量培训活动，增强质量意识，提高产品的一次装配合格率，保证产品的装配质量。

第2单元 电机装配基础知识

模块1　电工常识

电工学涵盖的内容比较广，由于篇幅关系，这里只简单介绍一些与电机装配工有关的电工基本知识。

一、电工基本术语

1. 电路

电流所经过的路径叫作电路。电路一般由电源、负载、连接及控制部分（导线、开关、熔断器）等组成。

2. 电源

电源是一种提供电能的装置，如发电机组、变压器、电池等。

3. 负载

负载是使用及消耗电能的装置，也就是用电设备。日常用的电灯、家用电器及电动机等都是负载。

连接及控制部分是连接电源与负载，构成电流通路的中间环节，是用来输送、分配和控制电能的。

4. 电流

电荷有规则的定向流动形成电流，习惯上规定正电荷移动的方向为电流的实际方向。电流方向不变的电路称为直流电路。电流方向周期性变化的电路称为交流电路。单位时间内通过导体任一横截面的电量叫作电流强度，简称电流，用符号 I（或 i）表示。电流的单位是安培（A），简称安，大电流单位用千安（kA），小电流单位常用毫安（mA）、微安（μA）。1 kA = 1 000 A，1 A = 1 000 mA，1 mA = 1 000 μA。

5. 电压

电路中两点间的电位差称为电压。电压的基本性质是两点间的电压具有唯一确定的数值，即两点间的电压只与这两点的位置有关，与电荷移动的路径无关。电压有直流电压和交流电压两种，直流电压有正、负之分。沿电路中任一闭合回路行走一圈，各段电压之和为零。

电压用符号 U（或 u）表示，单位是伏特（V），简称伏，也用千伏（kV）、毫伏（mV）和微伏（μV）。1 kV = 1 000 V，1 V = 1 000 mV，1 mV = 1 000 μV。

6. 电阻

导体对电流的阻碍作用称为电阻，用符号 R（或 r）表示，单位为欧姆（Ω），简称欧。当电压为 1 V，电流为 1 A 时，导体的电阻即为 1 欧姆，常用的较大电阻单位为千欧（kΩ）、兆欧（MΩ）。1 MΩ = 1 000 kΩ，1 kΩ = 1 000 Ω。

7. 电路的欧姆定律

流过电路的电流与电路两端的电压成正比，而与该电路的电阻成反比，这个关系叫作欧姆定律。用公式表示为：

$$I=U/R$$

式中　I——电流，A；

U——电压，V；

R——电阻，Ω。

电路的欧姆定律反映了部分电路中电压、电流和电阻的相互关系，它是分析和计算电路的主要依据。

8. 其他电工学术语

（1）有功功率。有功功率又叫作平均功率。交流电的瞬时功率不是一个恒定值，功率在 1 个周期内的平均值叫作有功功率，它是指在电路中电阻部分所消耗的功率，用字母 P 表示，单位为瓦特（W）或千瓦（kW），1 kW=1 000 W。电动机的功率一般指有功功率，单位用 W 或 kW 表示。

（2）视在功率。在具有电阻和电抗的电路内，电压与电流的乘积叫作视在功率，用字母 S 表示，单位为伏安（VA），公式为：

$$S=UI$$

式中　S——视在功率，VA；

U——电压，V；

I——电流，A。

（3）无功功率。在具有电感和电容的电路里，这些储能元件在交流电半周期的时间里把电源能量变成磁场（或电场）的能量存起来，在另半周期的时间里将已存的磁场（或电场）能量送还给电源。它们只是与电源进行能量交换，并没有真正消耗能量。把储能元件与电源交换能量的瞬时功率最大值叫作无功功率，用字母 Q 表示，单位为乏（var）。

（4）功率因数。在直流电路里，电压乘电流就是有功功率。但在交流电路里，电压乘电流是视在功率，而能起到做功的一部分功率（即有功功率）将小于视在功率。有功功率与视在功率之比叫作功率因数，以 $\cos\varphi$ 表示。有功功率、视在功率及功率因数的关系为：

$$P = S\cos\varphi$$

式中 P——有功功率，W 或 kW；

S——视在功率，VA 或 kVA；

$\cos\varphi$——功率因数。

（5）相电压。三相输电线（相线）与中性线间的电压称作相电压，也称作单相电压，我国的单相电压标准为 220 V（为用电设备电压标准，发电设备如发电机的单相标准电压为 230 V）。国内一般民用电器设备如白炽灯、日光灯、电视、电冰箱等的电压均为单相 220 V。国内使用的单相电动机的电压标准也为 220 V。

（6）线电压。三相输电线各线（相线）间的电压称作线电压，线电压的大小为相电压的 $\sqrt{3}$ 倍，中国的线电压标准为 380 V。一般加工设备，如机床、液压机等设备的电动机，大多采用三相电源，其电压标准为 380 V。

（7）频率。交流电的频率是指其在单位时间内周期性变化的次数，单位是赫兹（Hz），与周期成倒数关系。日常生产和生活中使用的交流电的频率称为工频。目前，世界上的电力系统中，有两种工频，一种为 50 Hz，另一种为 60 Hz。中国交流电的频率标准为 50 Hz。

二、验电器及万用表的使用

1. 验电器及其使用

验电器是一种检验电线、电器和电气装置是否带电的工具。传统的验电器由氖管、电阻、弹簧和笔身组成，外形有钢笔式和旋具式两种。使用前切记检查笔身内是否有电阻，并且在正常电源上试一试它能否正常发光。用验电器测电，要注意握法，使笔帽或笔尾的金属体接触到手指，应特别注意皮肤绝不能触及笔尖的金属体，以免发生触电事故。使用中为了看清氖管发出的光，要使氖管小窗背光，并朝向自己。握好验电器后，用笔尖探头去接触测试点，观察氖管是否发光，如果氖管发光明亮，说明测试点带电。如果氖管不发光或有微弱的光，不能马上断定测试点没有电：也许是测试点不清洁，也许是笔尖接触的是地线，这时可以用笔尖划磨几下测试点，或把笔尖移到同一线路的另外几个点测试。如果反复测几次，氖管仍旧不发光，然后在已知有电的电源上测试一下，氖管能正常发光，这时才能肯定测试点不带电或者是零线。图 2–1a 所示是旋具式验电器；图 2–1b 所示是带液晶显示的数字式验电器，其正面有个小液晶屏，测试时可显示测试点的电压等信息。

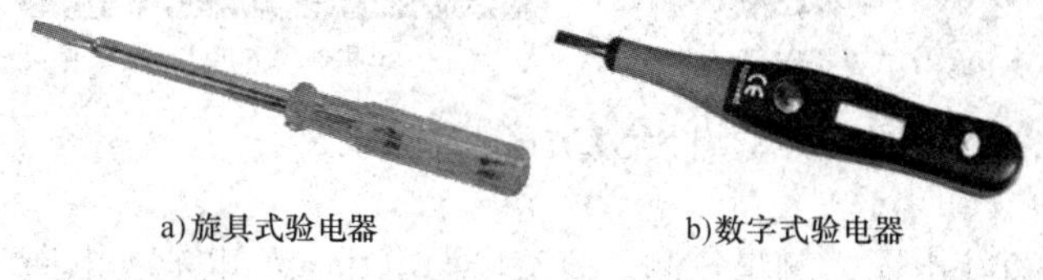

a) 旋具式验电器　　b) 数字式验电器

图 2–1　验电器外形图

2. 万用表及其使用

万用表是一种多用途电工仪表，它的特点是量程多、用途广。普通万用表可用来测量直流电压、直流电流、交流电压和电阻等；功能多的万用表还可测量温度、电感、电容和交流电流等。万用表的种类很多，按显示方式可分为指针式和数字式两大类，现在由于数字式万用表价格低、外形尺寸小、功能多、使用方便，已被广泛采用。图 2-2 所示是一款数字式万用表和一款指针式万用表外形图。下面以数字式万用表为例对其常用的功能和使用方法进行介绍。

(1) 电压的测量。

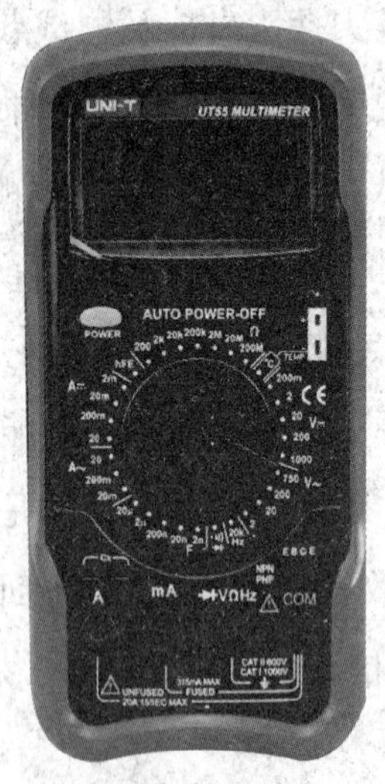

a)数字式万用表

b)指针式万用表

图 2-2　万用表外形图

1) 直流电压的测量：测量直流电源电压，如电池、电瓶和手机移动电源等的电压，首先将黑表笔插入“COM”孔，红表笔插入“VΩ”孔。把转换开关旋到比估计值大的量程（注意：表盘上的数值均为最大量程，“V-”表示直流电压挡，“V~”表示交流电压挡)，接着把表笔接移动电源或电池两端，保持稳定接触。可以直接从显示屏上读取数值，若显示为“1.”，表明量程太小，则要加大量程后再测量。如果在数值左边出现“-”，则表明表笔极性与实际电源极性相反，此时红表笔接的是负极。

2）交流电压的测量：表笔插孔与测量直流电压时一样，不过应该将切换开关置于交流挡“V~”处所需的量程即可。交流电压无正负之分，测量方法跟前面相同。无论测交流还是直流电压，都要注意人身安全，测试过程不能用手触摸表笔的金属部分。

（2）电流的测量。

1）直流电流的测量：先将黑表笔插入“COM”孔。若测量大于 200 mA 的电流，则要将红表笔插入“A”插孔并将切换开关置于直流“10 A”挡；若测量小于 200 mA 的电流，则将红表笔插入“mA”插孔，将切换开关置于直流 200 mA 以内的合适量程。调整好后，就可以测量了，将万用表串入电路中，数值保持稳定，即可读数。若显示为“1.”，则要加大量程；如果在数值左边出现“-”，则表明黑表笔所接的一端是正极。

2）交流电流的测量：测量方法与上述相似，区别是将切换开关置于交流挡位，电流测量完毕后应将红笔插回“VΩ”孔。

测量电压或电流时，都要注意量程的选择，用小量程测试较大的值，容易造成万用表损坏，甚至烧毁。因此在无法判断所测值的范围时宁可选用较大量程测量。

（3）电阻的测量。

将两支表笔分别插入“COM”和“VΩ”孔中，把切换开关置于“Ω”中所需的量程，用表笔接在电阻两端金属部位（务必确认处于断电状态），测量中可以用手接触电阻，但不要把手同时接触电阻两端，这样会影响测量精确度（人体电阻很大，通常在几千欧到几十千欧之间，具体数值与接触部位和皮肤干湿程度等多种因素有关）。读数时，要保持表笔和电阻接触良好，注意单位：在“200”挡位时单位是“Ω”，在“2k”到“200k”挡位时单位为“kΩ”，“2M”以上挡位时的单位是“MΩ”。

（4）挡位的其他功能。

1）电压挡：在检测或制作电路时，可以用来测量器件的各脚电压，与正常时的电压比较，即可判断器件是否损坏。还可以用来检测稳压值较小的稳压二极管的稳压值。

2）电流挡：将万用表串入电路中，对电流进行测量和监视，若电流远偏离正常值（凭经验或原有正常参数），必要时应调整或者检修电路。还可以利用该表的 20 A 挡测量电池的短路电流，即将两表笔直接接在电池两端，切记测量时间绝对不要超过 1 s。注意：此方法只适用于干电池以及 5 号、7 号充电电池，且初学者要在熟悉维修的人员指导下进行，切不可自行操作。根据短路电流即可判断电池的性能，在满电的同种电池，短路电流越大越好。

3）电阻挡：可用于判断电阻、二极管及晶体管的好坏。对于电阻其实际阻值偏离标称值过多时则表明已损坏。对于二极管和其他晶体管，若任两脚间的电阻都不是很大值（几百千欧以上），则可认为性能下降或者已击穿损坏，注意此晶体管是不带阻的。此法也可用于集成块，须要说明的是：集成块的测量只能和正常时的参数做比较。

模块 2 电动机基本原理、应用及运行

一、电动机基本原理

电机学中将电机定义为能量转换的装置，包含电动机和发电机。电动机——将电能转换成机械能（即动能）；发电机——将机械能转换成电能。在日常生活中，电动机俗称马达，它是利用通电线圈（即定子绕组）产生旋转磁场并作用于转子导体形成电磁转矩，从而实现转动。电动机的工作原理是磁场对电流（或通电线圈）有力的作用，使电动机转子转动。电动机按使用电源不同分为直流电动机和交流电动机，电力系统中的电动机大部分是交流电动机，可以是交流同步电动机或者是交流异步电动机（电动机定子磁场转速与转子旋转转速不同步），按电压的相数可分为单相电动机和三相电动机。

1. 三相交流异步电动机的工作原理

三相交流异步电动机接通电源就会转动，为了说明其工作原理，先做个演示。图 2-3 所示是一个装有手柄的蹄形磁铁，磁极间放有一个可以自由转动的由铜条组成的转子。铜条两端分别用铜环连接起来，形似鼠笼，所以通常称为笼型转子。磁极和转子之间没有机械接触。当摇动磁极时，发现转子会跟着磁极一起转动。摇得快，转子转得也快；摇得慢，转子转得也慢；反方向摇，转子则反方向转。异步电动机转子转动的原理与上述演示实验原理相似。当磁极

向顺时针方向旋转时，磁极的磁力线切割转子铜条，铜条中就感应出电动势。

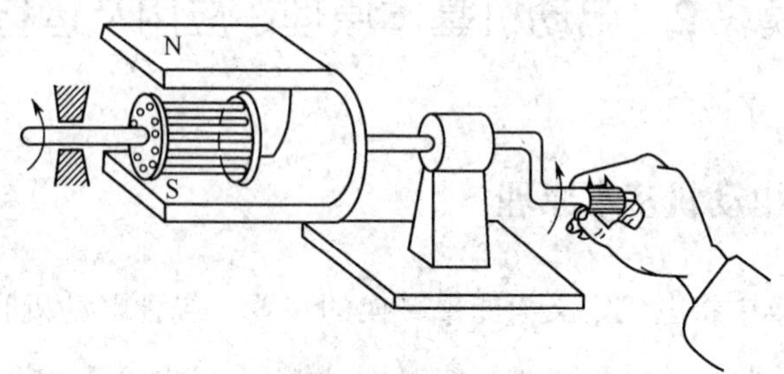

图 2-3　异步电动机工作原理演示

电动势的方向由右手定则确定。在这里应用右手定则时，可假设顺时针转动的磁极不动，而转子铜条向逆时针方向旋转切割磁力线，这与实际上磁极顺时针方向旋转时磁力线切割转子铜条是相当的。

在感应电动势的作用下，闭合的铜条中就产生电流，此电流与旋转磁极的磁场相互作用，而使转子铜条受到电磁力 F。电磁力的方向可应用左手定则来确定。由电磁力产生电磁转矩，转子就转动起来。图 2-4 所示为电动机转动原理图，转子转动的方向和磁极旋转的方向相同。

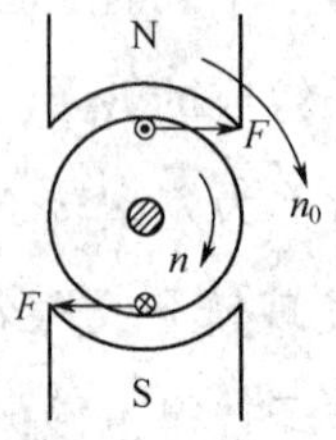

图 2-4　电动机转动原理图

在实际的异步电动机中，转子也是因旋转磁场的作用而转动的。但在异步电动机中，看不到磁极在旋转，下面来说明旋转磁场的形成。

如图 2-5 所示，三相异步电动机的定子铁芯中有三相对称绕组 AX、BY 和 CZ，其中将 A、B、C 称为首端 X、Y、Z 称为末端。设将三相对称定子绕组接成星形，接在三相电源上，绕组中便通入了三相对称电流：

$$i_A = I_m \sin\omega t$$

$$i_B = I_m \sin\ (\omega t - 120°)$$

$$i_C = I_m \sin\ (\omega t + 120°)$$

其波形如图 2-6 所示。取绕组始端到末端的方向作为电流的正方向。在电流的正半周时，其值为正，其实际方向与正方向一致；在负半周时，其值为负，其实际方向与正方向相反。

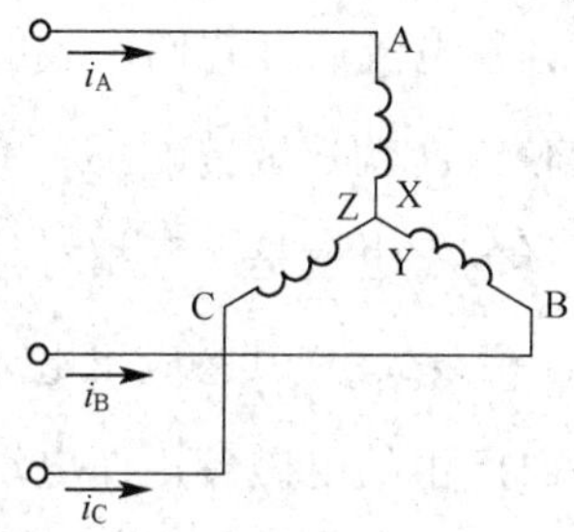

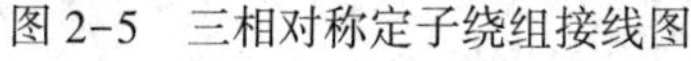
图 2-5　三相对称定子绕组接线图

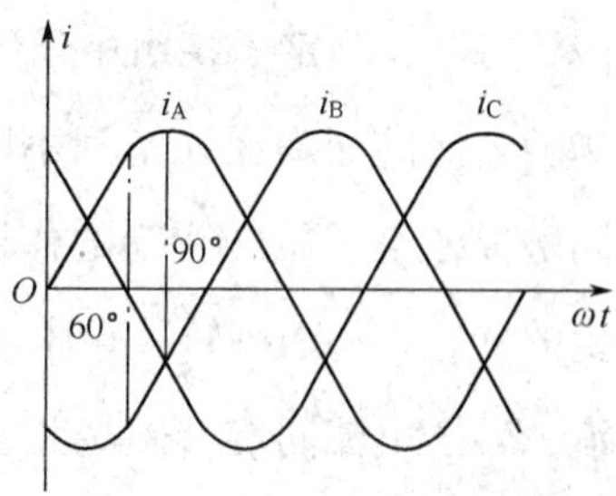

图 2-6　三相电流波形图

在 $\omega t=0$ 的瞬时，定子绕组中的电流方向如图 2-7a 所示。这时 $i_A=0$；i_B 是负的，其方向与正方向相反，即自 Y 到 B；i_C 是正的，其方向与正方向相同，即自 C 到 Z。将每相电流所产生的磁场相加，

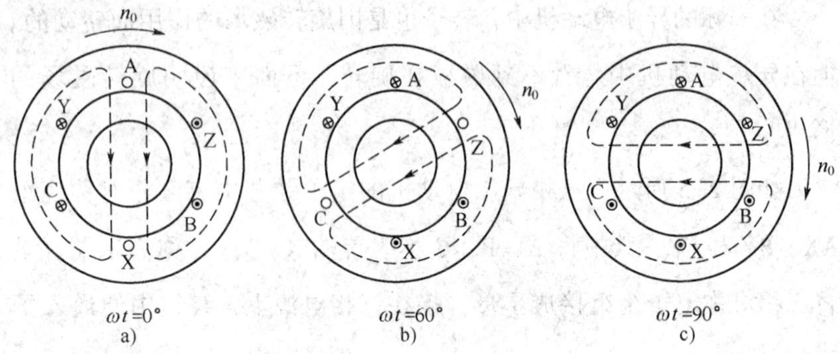

图 2-7 三相对称电流合成旋转磁场（极对数 $p=1$）

便得出三相对称电流的合成磁场。在图 2-7a 中，合成磁场轴线的方向是自上而下。

图 2-7b 所示为 $\omega t=60°$时定子绕组中电流的方向和三相对称电流的合成磁场的方向。这时的合成磁场已在空间转过了 60°。

同理，在 $\omega t=90°$时的三相对称电流的合成磁场，它比 $\omega t=60°$时的合成磁场在空间又转了 30°，如图 2-7c 所示。

由上可知，当定子绕组中通入三相对称电流后，它们产生的合成磁场随电流的交变而在空间不断地旋转，这就是旋转磁场。旋转磁场同磁极在空间旋转所起的作用是一样的。也就是，三相对称电流产生的旋转磁场切割转子导体（铜条或铝条），使其感应出电动势和电流，转子电流同旋转磁场相互作用而产生的电磁转矩使电动机转动起来。

电动机转子转动的方向和磁场旋转的方向是相同的，如要电动机改变转向，必须改变磁场旋转方向。图 2-7c 所示的情况是 A 相电流 $i_A=+I_m$，这时旋转磁场轴线恰好与 A 相绕组的轴线一致。在三相对称电路中，电流出现正幅值的顺序为 A→B→C，因此磁场的旋转方向是与这个顺序一致的，即磁场的转向与通入绕组的三相电流的相序有关。

如果将与三相电源连接的三根导线中的任意两根的一端对调位置，例如对调 B、C 两相，则电动机三相绕组的 B 相与 C 相对调（注意：电源三相端子的相序不变），旋转磁场因此反转（见图 2-8），电动机也就跟着改变转动方向。

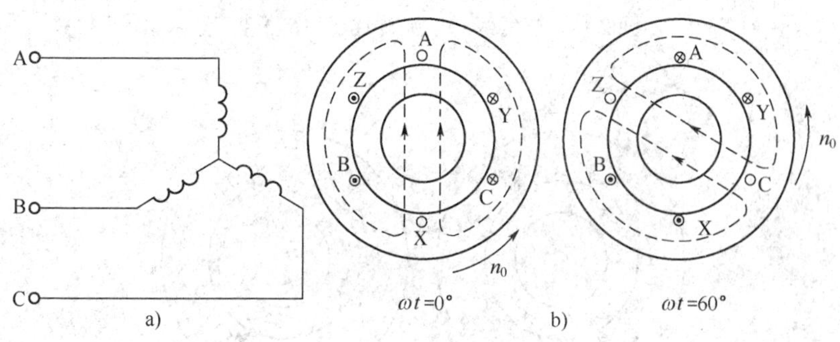

图 2-8　反向旋转磁场

2. 三相异步电动机的极数与转速

三相异步电动机的极数就是旋转磁场的极数。旋转磁场的极数和三相绕组的安排有关。在图 2-7 所示的情况下，每相绕组只有一个线圈，绕组的始端相差 120°空间角，则产生的旋转磁场只有一对极，即 $p=1$（p 是磁极对数）。如将定子绕组安排得如图 2-9 那样，即每相绕组有两个线圈串联，绕组的始端相差 60°空间角，则产生的旋转磁场具有两对极，即 $p=2$，如图 2-10 所示。

同理，如果 $p=3$，则每相绕组必须均匀安排成在空间串联的 3 个线圈，绕组的始端直接相差 $120°/p=40°$空间角。

三相异步电动机的转速与旋转磁场的转速有关，而旋转磁场的

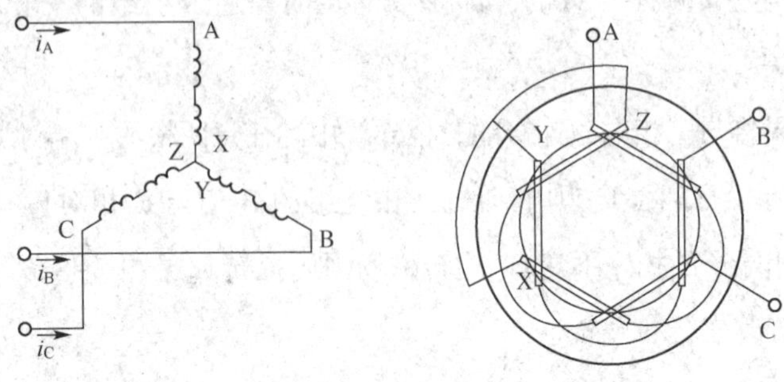

图 2-9　产生两对极旋转磁场的定子绕组

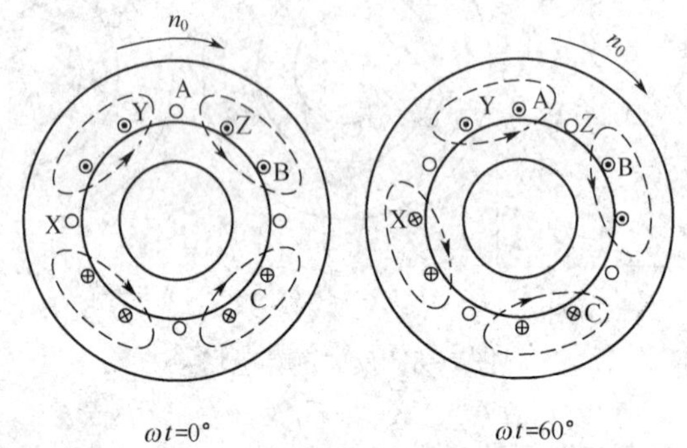

图 2-10　三相 4 极电动机产生的旋转磁场

转速取决于磁场的极对数。在 1 对极的情况下，由图 2-7 可见，当电流从 $\omega t=0$ 到 $\omega t=60°$经历了 60°时，磁场在空间也旋转了 60°。当电流交变 1 次（1 个周期）时，磁场恰好在空间旋转 1 周。设电流的频率为 f_1，即电流每秒交变 f_1 次或每分钟交变 $60f_1$ 次，则旋转磁场的转速（转/分）为 $n_0=60f_1$。

在旋转磁场具有两对极的情况下，由图 2-10 可见，当电流也从 $\omega t=0$ 到 $\omega t=60°$经历了 60°时，而磁场在空间仅旋转了 30°。就是说，当电流交变了 1 次时，磁场仅旋转了半周，比 $p=1$ 情况下转速慢了一半，即 $n_0=60f_1/2$。

同理，在 3 对极的情况下，当电流交变 1 次时，磁场在空间仅旋转 1/3 转，只是 1 对极情况下转速的 1/3，即 $n_0=60f_1/3$。

由此推知，当旋转磁场具有 p 对极时，磁场的转速为 $n_0=60f_1/p$。

由上式可知，旋转磁场的转速 n_0 取决于电流频率 f_1 和磁场的极对数 p，而 p 又取决于三相绕组的排列。对某一台异步电动机来讲，f_1 和 p 通常是确定的，所以磁场的转速 n_0 是个常数。

我国的工频 f_1 为 50 赫兹（Hz），而有些国家，其工频为 60 Hz，于是由 $n_0=60f_1/p$ 可得出对应于不同极数对数 p 的旋转转速 n_0（r/min），见表 2–1。

表 2–1　　极对数与转速对应关系

p		1	2	3	4	5	6
n_0（r/min）	50 Hz	3 000	1 500	1 000	750	600	500
	60 Hz	3 600	1 800	1 200	900	720	600

电动机转子转动的方向与磁场旋转的方向相同，但转子的转速 n 不可能达到与旋转磁场的转速 n_0 相等，即 $n<n_0$。因为，如果两者相等，则转子与旋转磁场之间就没有相对运动，因而磁力线就不能切割转子导体，转子电动势、转子电流以及转矩也就不存在了。因此，转子转速与磁场转速之间必须要有差别，这就是异步电动机名称的由来。而旋转磁场的转速 n_0 常称为同步转速。

用转差率 s 来表示转子转速 n 与磁场转速 n_0 相差的程度，即：

$$s=\frac{n_0-n}{n_0}$$

转差率是异步电动机运行情况的一个重要参数。转子转速越接近磁场转速，则转差率越小。由于三相异步电动机的额定转速与同步转速相近，所以它的转差率很小。

当 $n=0$ 时（起动初始瞬间），$s=1$，这时转差率最大。

上式也可以写为：

$$n=(1-s)n_0$$

二、电动机的应用

当今人类的生产劳动离不开各种电动机，电动机更是应用到各个领域。如工业生产与建筑、交通运输、医疗设备与家用电器、航空航天与国防等领域。

1. 工业生产与建筑业

工业生产主要把电动机作为设备的动力源。在机床、轧钢机、鼓风机、印刷机、水泵、抽油机、起重机、传送带、生产线等机械设备上，大量使用中小功率的感应电动机，这是因为感应电动机简单可靠、维修成本低。一个现代机器人的运行控制需要用到多台电动机，有的机器人的关节部分直接采用球形电动机，可以方便地实现万向运动。在高层建筑中，电梯、滚梯是靠电动机牵引的，宾馆的自动门、旋转门也是由电动机驱动的，而建筑的供暖、供水、通风也需要水泵、鼓风机等，这些设备也是由电动机驱动的。

2. 交通运输

(1) 电力机车与城市轨道交通。随着电气化程度的不断提高，动车及高铁等交通工具越来越多地采用电动机驱动。机车电传动实质上就是牵引电动机变速传动技术，用直流电动机或交流电动机均能实现。

（2）汽车及电动车。不仅电动汽车需要用电动机驱动车轮，而且在内燃机驱动的汽车上，起动机、雨刷、车窗玻璃升降器等，都要用到规格不同的电动机。一辆现代化的汽车，可能要用到几十台甚至上百台的电动机。

目前电池的功率密度与能量密度较低，所以内燃机和电动机联合提供动力的混合动力车发展得很快。电动汽车的驱动电动机主要有直流电动机、异步电动机、永磁无刷电动机、开关磁阻电动机等。此外，现在使用很广的电动摩托车或电动自行车，其动力也采用直流电动机驱动。

3. 医疗设备与家用电器

现代医疗设备，如康复按摩床、按摩椅等均采用电动机作为动力源，有些设备还要配置多台电动机。家用电器，如冰箱、空调等的压缩机，均以电动机为动力源。此外，一些高层建筑的增压泵等，也都以电动机为动力源。

4. 航空航天与国防

航空航天与国防领域应用的电动机也非常多，如驱动飞机螺旋桨的电动机，各控制系统的电动机等。国防领域的一些控制设备，都是采用高精度、高可靠性的伺服电动机。

三、电动机的运行

电动机的运行分为起动、运转及停止 3 个过程。以下结合异步电动机的一些参数来分析电动机的运行过程及其特性。

1. 异步电动机的起动性能及参数

(1) 起动电流 I_K 和起动电流倍数：电动机刚起动时，由于旋转磁场对静止的转子有着很大的相对转速，磁力线切割转子导体的速度很快，这时转子绕组中感应出的电动势和产生的转子电流都很大，因此定子电流必然相应也增大，一般中小型异步电动机的起动电流是额定电流的 5~7 倍（即起动电流倍数）。由于起动电流对电动机本身及电网线路均有影响，因此电动机的起动电流值（或起动电流倍数）在相应的标准中有一定的限值，也就是不能超过规定的值。

(2) 起动转矩 T_K 和起动转矩倍数：电动机在起动瞬间，必须要有一定的起动转矩才能顺利起动，起动转矩太小，会造成电动机无法起动或起动缓慢，因此电动机标准中要求起动转矩（或起动转矩倍数）必须要大于一定值。但并不是起动转矩越大越好，起动转矩过大，对设备及传动机构的冲击也就越大，所以在三相异步电动机标准中，起动转矩倍数也有上限值。

(3) 起动方法：笼型异步电动机的起动有直接起动和减压起动两种方法。一般较小功率的电动机采用直接起动，而较大功率的三相电动机采用减压起动。减压起动最常用的有两种：一种是星形和三角形换接起动，也就是采用一种起动器，在起动时电动机的绕组采用星形接法，使电动机起动的电流较小，达到或接近正常转速时，切换成三角形接法；另一种是在起动过程中采用三相自耦变压器将电动机在起动过程的端电压降低，当电动机转速接近额定值时，电压恢复至正常工作电压。

2. 电动机的运行

电动机起动达到额定转速时，就进入运行阶段，此时电动机一般都带动一定的负载。电动机运行过程中，随着负载的加大，其电流也随之增大（个别单相电动机例外），当负载超过额定值较多时，电动机的工作电流将明显增大，转速降低，此时电动机处于超载工作状态，电动机的温升可能会超过温升限值，严重时容易引起电动机烧毁。电动机运行过程中，电网电压过高或过低都会影响其运行。此外，电动机在运行过程中也要保持环境的通风散热，环境温度过高也容易造成其损坏或烧毁。

单相电容运转式交流异步电动机在空载运行时由于转速比较高（接近同步转速），其副绕组线圈中的电流较大，因此总的合成电流也可能会比较大，特别是功率较小的，这种情况比较突出。因此早期设计的部分单相电容运转电动机不允许长期空载运行，现小功率电动机的安全标准中规定单相电容运转交流异步电动机在性能测试中需分别考核空载及满载两种状态下的温升限值。

3. 电动机的制动

电动机在运行中，关闭电源后，由于转动惯量，会继续转动一段时间才慢慢停止，但在某些场合，需要缩短电动机的停止时间，因此需要采取制动措施。通常采用机械制动和电气制动两种方式。所谓机械制动就是在电动机停止转动时，给转子施加一定的制动力，一般使用的方法是在转轴上设一个制动盘，当切断电源时，制动盘工作，抱住电动机转子，使其在短时间内停止。电气制动常用的有能耗制动和反接制动两种方法。能耗制动是指在断开定子绕组交流电源的同时，立即给任意两相定子绕组通入直流电流，形成固定磁场，它与旋转的转子中的电流相互作用，从而产生制动转矩。反接制动方式是电动机断电时，立即给予施加短时、与原来相序相反的三相电压，使电动机处于反转趋势，这样该反转的力矩就将原正转剩余的转矩抵消，使电动机短时停止转动，这种方法只适用于三相电动机的制动。

四、电动机主要参数

三相异步电动机的主要参数大多标于电动机铭牌上，如图 2-11 所示，现以电动机铭牌所标注的参数为例说明如下：

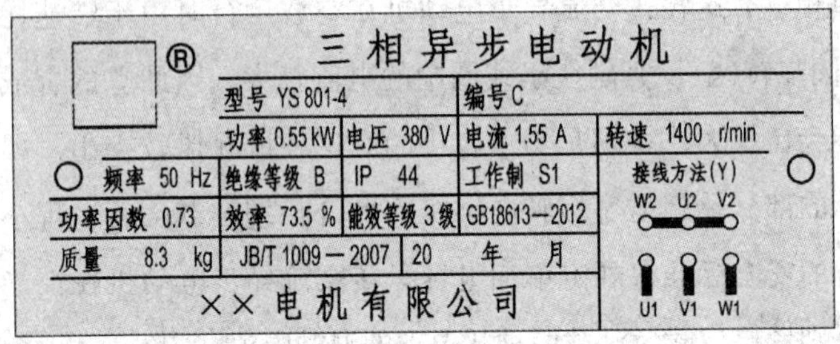

图 2-11　三相异步电动机铭牌

1. 型号

交流异步电动机的型号编制方法如下：

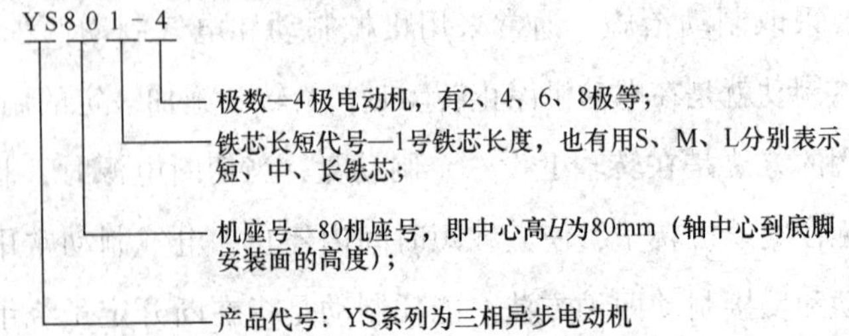

（1）产品代号。常用单相、三相交流异步电动机的产品名称、代号及代号含义见表 2–2。

表 2–2　常用单相、三相交流异步电动机的产品名称、代号及代号含义

名称	代号	代号含义
笼型异步电动机	Y	异
分马力三相异步电动机	YS	异三
绕线转子三相异步电动机	YR	异绕
立式三相异步电动机（大、中型）	YLS	异立三
绕线转子立式三相异步电动机（大、中型）	YRL	异绕立
大型二极（快速）三相异步电动机	YK	异快
大型绕线转子二极（快速）三相异步电动机	YRK	异绕快
电容运转单相异步电动机	YY	异运
电阻起动单相异步电动机	YU	异（阻）
电容起动单相异步电动机	YC	异（容）
双值电容单相异步电动机	YL	异（双）
罩极单相异步电动机	YJ	异极
罩极单相异步电动机（方形）	YJF	异极方
三相异步电动机（高效率）	YX	异效
高转差率（滑差）三相异步电动机	YH	异（滑）
多速三相异步电动机	YD	异多
通风机用多速三相异步电动机	YDT	异多通
屏蔽式三相异步电动机	YP	异屏
高压屏蔽式三相异步电动机	YPG	异屏高
特殊屏蔽式三相异步电动机	YPT	异屏特
力矩三相异步电动机	YLJ	异力矩
装入式三相异步电动机	YUL	异（装）（入）
制动三相异步电动机（旁磁式）	YEP	异（制）旁
制动三相异步电动机（杠杆式）	YEG	异（制）杠

续表

名称	代号	代号含义
制动三相异步电动机（附加制动器式）	YEJ	异（制）加
锥形转子制动三相异步电动机	YEZ	异（制）锥
电磁调速三相异步电动机	YCT	异磁调
三相异步电动机（低振动精密机床用）	YZS	异振三
单相异步电动机（低振动精密机床用）	YZM	异振密
电梯用三相异步电动机	YTD	异梯电
离合器三相异步电动机	YSL	异三离
离合器单相异步电动机	YDL	异单离
三相电泵（机床用）	YSB	异三泵
单相电泵（机床用）	YDB	异单泵
双轴伸空调器用电容运转电动机	YSK	异双空
电容运转风扇电动机	YSY	异扇运
罩极风扇电动机	YZF	异罩风
电容运转内转子吊扇电动机	YDN	异吊内
电容运转外转子吊扇电动机	YDW	异吊外
电容运转排气扇用电动机	YPS	异排扇
罩极排气扇用电动机	YPZ	异排罩
电容运转波轮式洗衣机电动机	YXB	异洗波
电容运转滚筒式洗衣机电动机	YXG	异洗滚
洗衣机甩干用电动机	YYG	异衣干

以上只列出较为常用系列的交流单相、三相异步电动机的产品名称及代号，其他异步电动机、同步电动机及直流电动机的名称、代号请查阅相关电动机产品手册。

（2）规格代号。电动机的标准机座号（中心高）有 45、56、63、71、80、90、100、112、132、160、180、200、225、250、280、

315、355 等，单位为 mm。

电动机规格代号中的机座号（即中心高）后一般用英文字母或阿拉伯数字代表该机座号不同长短铁芯规格。如型号 YS801-4，YS802-4 中的“1”“2”分别表示 YS 系列 80 机座的短铁芯和长铁芯两种不同规格的电动机。又如，型号 Y2-90S-4，Y2-90L-4 中的“S”“L”分别表示 Y2 系列电动机座号为 90 的短、长机座。也就是说如机座长短不一样，则用英文字母以示区别；而铁芯长短不一样，用数字区别。

2. 额定功率（P_N）

电动机在额定运行时转轴上输出的机械功率，单位为 kW 或 W。中小型三相异步电动机 500 kW 及以下的额定功率推荐值有 0.18、0.25、0.37、0.55、0.75、1.1、1.5、2.2、3、4、5.5、7.5、11、15、18.5、22、30、37、45、55、75、90、110、132、160、200、250、315、355、400、425，475、500 等规格（单位为 kW）。

3. 额定电压（U_N）

电动机在额定运行时，加在定子绕组线端的电压值，单位为 V 或 kV。单相电动机的额定电压有 110 V、120 V、220 V、230 V、240 V；三相电动机的额定电压有 220 V、380 V、400 V、420 V、440 V、480 V、630 V 等。我国电动机的额定电压：单相为 220 V，三相为 380 V。此外高压电动机有 1.14 kV、3 kV、6 kV 和 10 kV 等。

4. 额定电流（I_N）

电动机的额定电流是电动机在额定运行时，输入定子绕组的线电流值，单位为 A，通常是电动机设计时的理论计算电流，是电动机运行的一个重要参数。

5. 额定频率（f_N）

电动机的额定频率也是电源电压的周波数，通常用 50 Hz 和 60 Hz 两种频率标准，我国规定的标准为 50 Hz。特殊场合也有使用中频或高频的电源。

6. 额定转速（n_N）

电动机的额定转速，也就是电动机在额定负载时的运行转速，单位为 r/min。交流异步电动机的转速（n）一般比相应的同步转速（n_1）小些，也就是异步电动机存在转差率 s。

电动机的转差率 s 根据不同的设计有所不同，但一般情况是较小功率电动机的转差率较大，而较大功率电动机的转差率较小，一般额定转差率为 2%～4%，但较小功率的也有高达 10%的，而较大功率的也有接近 1%的。同步电动机的运行转速与同步转速相同，因此其转差率为 0。

7. 工作制

工作制表示电动机在不同负载下的允许循环时间。工作制的分类是对电动机承受一系列负载状况的说明，包括起动、电制动、空载、断电停机以及这些阶段的持续时间和先后顺序等。工作制分 S1～S10 共 10 类，各种工作制的具体说明见表 2-3。

表 2-3　　常用工作制说明

代号	名称	说明
S1	连续工作制	保持在恒定负载下运行至热稳定状态
S2	短时工作制	在恒定负载下按给定的时间运行，电动机在该时间不足以达到热稳定，随之即断能停机足够时间，使电动机再度冷却到与冷却介质温度之差在 2 K 以内

续表

代号	名称	说明
S3	断续周期工作制	按一系列相同的工作周期运行，每一周期包括一段恒定负载运行时间和一段停机和断能时间。这种工作制，每一周期的起动电流不致对温升有显著影响
S4	包括起动的断续周期工作制	按一系列相同的工作周期运行，每一周期包括一段对温升有显著影响的起动时间、一段恒定负载运行时间和一段断能停机时间
S5	包括电制动的断续周期工作制	按一系列相同的工作周期运行，每一周期包括一段起动时间、一段恒定负载运行时间、一段快速电制动时间和一段断能停机时间
S6	连续周期工作制	按一系列相同的工作周期运行，每一周期包括一段恒定负载运行时间和一段空载运行时间，无断能停机时间
S7	包括电制动的连续周期工作制	按一系列相同的工作周期运行，每一周期包括一段起动时间、一段恒定负载运行时间和一段电制动时间，无断能停机时间
S8	包括变速变负载的连续周期工作制	按一系列相同的工作周期运行，每一周期包括一段在预定转速下恒定负载运行时间和一段或几段在不同转速下的其他恒定负载的运行时间，无断能停机时间
S9	负载和转速非周期性变化工作制	负载和转速在允许的范围内作非周期性变化的工作制。这种工作制包括经常性过载，其值可远远超过基准负载
S10	离散恒定负载和转速工作制	包括特定数量的离散负载值（或等效负载）/转速（如可能）的工作制，每一种负载/转速组合的运行时间应足以使电动机达到热稳定，在一个工作周期中的最小负载值可为零

工作制类型除用 S1 ~ S10 相应的代号作标志外，还应符合下列规定：对 S2 工作制，应在代号 S2 后标以工作制持续的时间；S3 和 S6 工作制应在代号后标以负载持续率。如 S2 60 min，S3 25%、S6 40%。

对 S4 和 S5 工作制应在代号后标以负载持续率、电动机的转动惯量 J_m 和负载的转动惯量 J_{ext}，转动惯量均为归算至电动机转轴上的数值。对 S7 工作制，应在代号后标以电动机的转动惯量 J_m 和负载的转动惯量均为归算到电动机转轴上的数值。对 S10 工作制，应在代号后标以相应负载及其持续时间的标幺值。

8. 功率因数

功率因数是电动机输入有功功率与视在功率之比，属性能指标，是限定值，应符合相应电机产品标准的规定。

9. 绝缘等级

绝缘等级是电动机绝缘系统的耐热等级，常用的绝缘等级有 A 级、E 级、B 级、F 级、H 级等，其中 A 级最低，H 级最高，三相异步电动机多用 B 级或 F 级。电动机的绝缘等级决定了电动机的温升限值，如普通环境最高温度为 40 ℃时：B 级绝缘的电动机，其温升限值为 80 K；F 级绝缘的电动机，其温升限值为 105 K。有些电动机设计时考虑温升裕度及使用寿命等因素，设计制造时虽然采用较高级别的绝缘材料，但标准规定采用较低级别的绝缘等级，这样电动机的考核也按较低级别的温升限值，如 Y2 系列电动机，其设计绝缘等级为 F 级，但标准规定其温升限值按 B（温升限值按 80 K）考核。除电机标准或特殊技术协议规定外，正常情况下电动机的温升考核按铭牌所标注电动机绝缘的标准温升值考核。

10. 防护等级

防护等级是指电动机对环境防护能力的级别，中小型交流异步电动机的防护等级一般为 IP44，但也有较低防护级别，如 IP23 的开启式电动机，也有更高级别，如 IP54 和 IP55 等。电动机的防护等级按国际电工委员会（IEC）推荐的 IP××等级标准规定，具体代号及含义见表 2–4。

表 2–4　　　　　　　　防护等级代号及含义

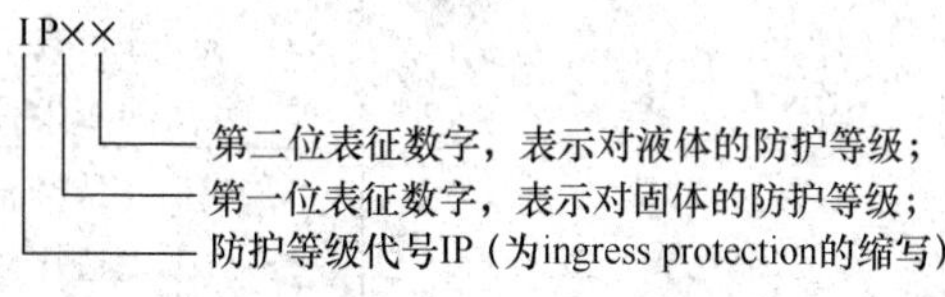

第一位表征数字	含义	第二位表征数字	含义
0	无防护，无专门防护	0	无防护，无专门防护
1	能防止直径大于 50 mm 的固体异物进入机壳内，能防止大面积的人体（如手）偶然或意外地触及壳内带电或运动部分，但不能防止故意接触	1	防滴，垂直滴水应不能直接进入产品内部
2	能防止直径大于 12 mm 的固体异物进入机壳内，能防止手指触及壳内带电或转动部分	2	15°防滴，与铅垂线成 15°角范围内的滴水应不能直接进入产品内部
3	能防止直径大于 2. 5 mm 的固体异物进入机壳内，能防止厚度（或直径）大于 2. 5 mm 的工具、金属等触及壳内带电或转动部分	3	防淋水，与铅垂线成 60°角范围内的淋水应不能直接进入产品内部
4	能防止直径大于 1 mm 的固体异物进入机壳内，能防止厚度（或直径）大于 1 mm 的导线或片条等触及壳内带电或转动部分	4	防溅水，任何方向的溅水对产品应无有害影响
5	虽不能完全防止灰尘进入，但进尘量不足以影响电机的正常运行，完全防止触及壳内带电或转动部分	5	防喷水，任何方向的喷水对产品应无有害影响
6	完全防止灰尘进入，完全防止触及壳内带电或转动部分	6	猛烈的海浪或强力喷水对产品应无有害影响

续表

第一位表征数字	含义	第二位表征数字	含义
		7	防浸水，产品在规定的时间和压力下浸在水中，进水量对产品应无有害影响
		8	持续潜水，电动机在制造厂规定的条件下能长期潜水

11. 效率

效率是电动机的一个标准限定值指标，是输出功率与输入功率之比，必须满足产品标准及国家最新能效标准规定的效率值。

电动机能效等级分为 3 级，其中 3 级能效属最低级别，是保证值；2 级能效属较高级别，属高效电动机；1 级能效是现有最高能效级别，属超高效电动机。中小型三相交流异步电动机各功率规格（2、3 级能效等级）的效率值见表 2–5。

表 2–5　　中小型三相交流异步电动机各功率规格（2、3 级能效等级）的效率　　效率/%

功率/kW	2 极		4 极		6 极	
	3 级（IE2）	2 级（IE3）	3 级（IE2）	2 级（IE3）	3 级（IE2）	2 级（IE3）
0.75	77.4	80.7	79.6	82.5	75.9	78.9
1.1	79.6	82.7	81.4	84.1	78.1	81.0
1.5	81.3	84.2	82.8	85.3	79.8	82.5
2.2	83.2	85.9	84.3	86.7	81.8	84.3
3	84.6	87.1	85.5	87.7	83.3	85.6
4	85.8	88.1	86.6	88.6	84.6	86.8
5.5	87.0	89.2	87.7	89.6	86	88.0

续表

功率/kW	2 极		4 极		6 极	
	3 级（IE2）	2 级（IE3）	3 级（IE2）	2 级（IE3）	3 级（IE2）	2 级（IE3）
7.5	88.1	90.1	88.7	90.4	87.2	89.1
11	89.4	91.2	89.8	91.4	88.7	90.3
15	90.3	91.9	90.6	92.1	89.7	91.2
18.5	90.9	92.4	91.2	92.6	90.4	91.7
22	91.3	92.7	91.6	93.0	90.9	92.2
30	92.0	93.3	92.3	93.6	91.7	92.9
37	92.5	93.7	92.7	93.9	92.2	93.3
45	92.9	94.0	93.1	94.2	92.7	93.7
55	93.2	94.3	93.5	94.6	93.1	94.1
75	93.8	94.7	94.0	95.0	93.7	94.6
90	94.1	95.0	94.2	95.2	94.0	94.9
110	94.3	95.2	94.5	95.4	94.3	95.1
132	94.6	95.4	94.7	95.6	94.6	95.4
160	94.8	95.6	94.9	95.8	94.8	95.6
200	95.0	95.8	95.1	96.0	95.0	95.8
250	95.0	95.8	95.1	96.0	95.0	95.8
315	95.0	95.8	95.1	96.0	95.0	95.8
335~375	95.0	95.8	95.1	96.0	95.0	95.8

表中的 IE2、IE3 为国际电工委员会的标准效率值，也是欧盟的电动机效率标准，等同于《电动机能效限定值及能效等级》（GB 18613—2020）能效标准的 3 级、2 级的效率值。

其他参数还有质量、标准编号、能效标准编号、产品编号、接线方法及生产日期等，具体根据产品标准及企业的相关规定进行标注。

五、三相异步电动机的故障与原因

三相异步电动机经常出现的故障及原因分析见表 2-6。

表 2-6　　三相异步电动机经常出现的故障及原因分析

故障现象	原因分析
1. 不能起动	可分为电动机内部原因和电源、负载等外部原因 内部原因： （1）定子引出线或绕组断路 （2）定子绕组相间短路或接地 （3）定子绕组接线错误 外部原因： （1）电源未接通 （2）负载过大、电压太低或转子被卡住
2. 通电后熔断器熔断或保护开关跳闸	（1）起动时电源缺相 （2）定子绕组相间短路或接地 （3）起动时负荷过大或卡住 （4）熔断器或保护开关额定电流太小 （5）电源开关到电动机的连接线或定子引出线短路
3. 绝缘电阻过低或外壳带电	（1）电动机绕组受潮、电动机进水、绝缘老化等 （2）电动机绕组端部碰到端盖，引出线碰接到机壳、端盖或出线盒 （3）电源线与接地线接错
4. 起动困难，加负载后转速较低（达不到额定转速）	（1）电源电压低 （2）应该按△形接的误接成 Y 形接 （3）转子压铸铝断条 （4）定子绕组局部线圈接错
5. 不正常的振动	（1）转子不平衡量较大 （2）电源三相电压不平衡 （3）机壳强度不够，刚性差 （4）机壳、端盖同心度差，气隙不均匀 （5）电动机底脚螺栓松动、安装面不平整或安装基础刚性差 （6）电动机轴承严重损坏 （7）定子绕组故障（短路、断路、接地、连接错误等） （8）风扇或传动带轮不平衡

续表

故障现象	原因分析
6. 三相电流不平衡，且相差较大	（1）线圈三相匝数不均等、匝间短路或相间短路 （2）绕组首尾端接错或部分线圈接反 （3）三相电压不平衡
7. 空载电流增大	（1）电压偏高 （2）定子Y形接法误接成△形接法 （3）转子外径加工后小于要求尺寸，气隙增大 （4）铁芯材料的导磁性能差 （5）定转子铁芯错位，铁芯有效长度减小 （6）定子铁芯压不实，有效长度不够 （7）定子绕组匝数少 （8）线圈节距嵌错或线圈接错（应该串联的接成并联） （9）轴承损坏或机械原因造成转动不顺畅
8. 运行时有杂音或噪声大	噪声大一般有两大类原因造成，第一类是机械噪声，第二类是电磁噪声，因此需判断是哪一类的噪声后再进行分析，最简单的判断方法是：运转中的电动机突然切断电源，如果声音立即消除，则是电磁噪声所致；相反断电后（还未停止转动），声音还较大，则是机械噪声所致。 1. 机械噪声所致的原因： （1）轴承损坏或缺少油脂 （2）轴承与轴承室配合太松，轴承走外圈 （3）风扇与风罩，转子与定子铁芯、绝缘纸或槽楔刮擦 （4）定子或转子铁芯松动 2. 电磁噪声所致的原因： （1）电动机设计方案不合理，如定转子槽配合不当，气隙磁密过高等，这些需改善设计 （2）定子绕组短接或接错 （3）定子铁芯毛刺大、压不实等 （4）定转子偏心造成气隙不均匀 （5）转子外圆加工尺寸太大，造成气隙太小，气隙密度太高

续表

故障现象	原因分析
9. 运行发热严重或冒烟	电动机空转或带载运转后，其温度会慢慢升高，一般情况下，其外壳温度会达到 50~70 ℃，甚至会达到 80 ℃，但其温度是缓慢上升的，一般达到最高（或稳定）需要 1~3 h。当电动机空载或负载运转不久温度就很高或有冒烟、烧焦味时，说明电动机发热严重，其造成的原因： （1）绕组匝间短路或接线错误 （2）电动机缺相运转 （3）转子与定子铁芯刮擦（磨底） （4）使用的电源电压或频率与铭牌（设计值）不一致，或电压过高、过低 （5）转子铸铝断条 （6）电动机因负载过大（超载），转速较低运行 （7）电动机频繁起动或频繁正反转 （8）铁芯的材料性能不好，铁芯叠压不紧或铁芯长度不够，定转子铁芯错位等 （9）通风不好、进风温度高等

六、单相异步电动机的故障与原因

三相异步电动机出现的故障及原因分析大部分内容也适用于单相异步电动机，由于单相异步电动机有电容器或离心开关，所以也增加了这两个部件的故障，单相异步电动机经常出现的故障及原因分析见表 2–7。

表 2–7　单相异步电动机经常出现的故障及原因分析

故障现象	原因分析
1. 不能起动	（1）定子引出线或绕组断路 （2）定子绕组间短路或接地 （3）定子主绕组和副绕组接错 （4）电容损坏或接线错误 （5）电压太低或负载太大、轴承卡住

续表

故障现象	原因分析
2. 在正常电压下起动缓慢，在低速运转	（1）起动电容失效（容值降低或没容值） （2）主、副绕组接反，副绕组匝间短路或接地 （3）定子与转子摩擦，轴承卡住等
3. 起动后，转速低于正常转速	（1）主绕组匝间短路 （2）主绕组和副绕组接错 （3）离心开关距离不正确，或因故障无法打开，使副绕组不能脱离电源 （4）负载太大或电压太低
4. 电动机运行发热严重或冒烟	（1）绕组匝间短路或接线错误 （2）电动机超载运行 （3）转子与定子铁芯摩擦 （4）使用的电压或频率与铭牌（设计）不一致，或者电压过高或过低 （5）转子铸铝断条 （6）电动机频繁起动或频繁正反转 （7）铁芯的材料性能不好，铁芯叠压不紧或铁芯长度不够，定、转子铁芯错位等 （8）通风不好、进风温度高等 （9）离心开关没有打开，运转电容的电容量较小或无电容量，造成电动机低转速运行

其他部分的故障，可参考表 2-6 进行分析。

模块 3　机械识图基础知识

本模块主要通过电动机的图样实例，简单介绍机械识图的一些基础知识。

电动机的图样与一般机械的图样相似，都是按机械制图的标准规定，把电动机的零部件表达在图样上。图 2-12 所示是一张比较简单的电动机装配图，该图所需表达的内容主要包含以下几个方面。

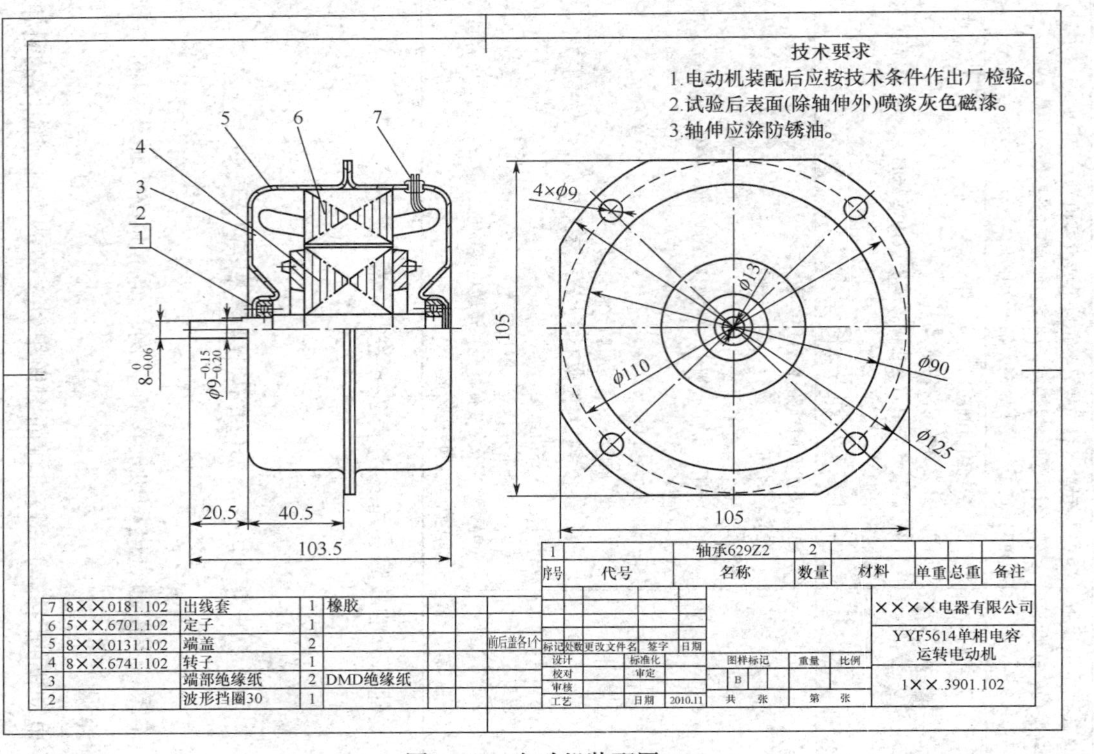
技术要求
1.电动机装配后应按技术条件作出厂检验。
2.试验后表面(除轴伸外)喷淡灰色磁漆。
3.轴伸应涂防锈油。
1
2
3
4
5
6
7
4×φ9
φ13
φ110
φ90
φ125
105
105
20.5
40.5
103.5
8 0 -0.06
φ9 -0.15 -0.20
1 轴承629Z2 2
序号 代号 名称 数量 材料 单重 总重 备注
7 8××.0181.102 出线套 1 橡胶
6 5××.6701.102 定子 1
5 8××.0131.102 端盖 2
4 8××.6741.102 转子 1
3 端部绝缘纸 2 DMD绝缘纸
2 波形挡圈30 1
前后盖各1个
标记 处数 更改文件名 签字 日期
设计 标准化
校对 审定
审核
工艺 日期 2010.11
图样标记 重量 比例
B
共 张 第 张
××××电器有限公司
YYF5614单相电容运转电动机
1××.3901.102
图2-12 电动机装配图

一、图纸幅面、图框、标题栏及明细表

1. 图纸幅面

图纸幅面是指一定长度与宽度的图面。绘制技术图样时，一般优先采用表 2-8 所规定的基本幅面。

表 2-8　　基本幅面　　单位：mm

幅面代号	尺寸（宽×长）
A0	841×1 189
A1	594×841
A2	420×594
A3	297×420
A4	210×297

必要时也可以选用《技术制图　图纸幅面和格式》(GB/T 14689—2008) 中规定的加长幅面。

2. 图框

在图纸上必须用粗实线画出图框，其目的是使所表达的图样内容有个边界限制，一般情况下所绘图样必须在图框内。

3. 标题栏

标题栏位于图纸的右下角，主要是对图样的一些内容进行标注说明，其内容有：图的名称、公司名称、图号、零件材料以及设计图纸相关会签人员等内容，具体详见图中。标题栏根据不同的标准，也有几种格式，但内容大同小异。

4. 明细表及序号

明细表是部件或总装图内各零部件的列表说明，一般放置于标

题栏上方及左侧，其内容主要是对图中所含零件的序号、图号（或规格代号）、名称、数量等内容进行标示说明，以作为装配操作及材料定额的依据。序号与图中用引线标出的数字相对应，引线起点（圆黑点）表示该零件所处的位置及区域。

二、机械图所用线条和字体

1. 线条的种类及用途

描述一个机械部件的线条图所用线条的种类及用途见表 2-9，其中很多线分粗、细两种，粗线的宽度应为细线的 2 倍。

表 2-9 线条的种类及用途

名称	线条	用途	示例（箭头所指引的线）
细实线	—	尺寸界线、尺寸线、引出线、分界线、短中心线、螺纹牙底线、剖面线、表示平面的对角线、辅助线等	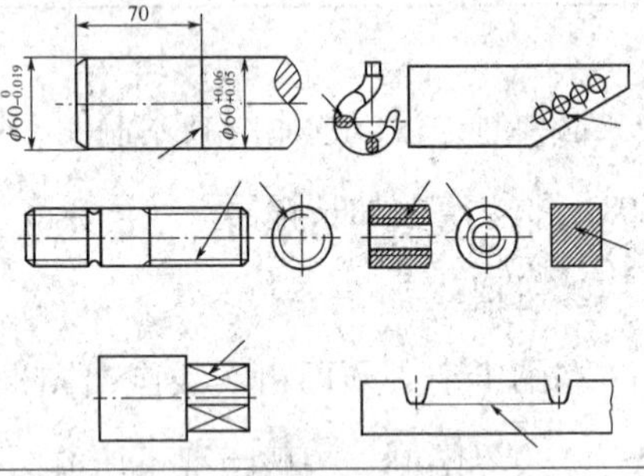
粗实线	—	可见轮廓线和棱边线、螺纹牙顶线、螺纹长度终止线、相贯线等	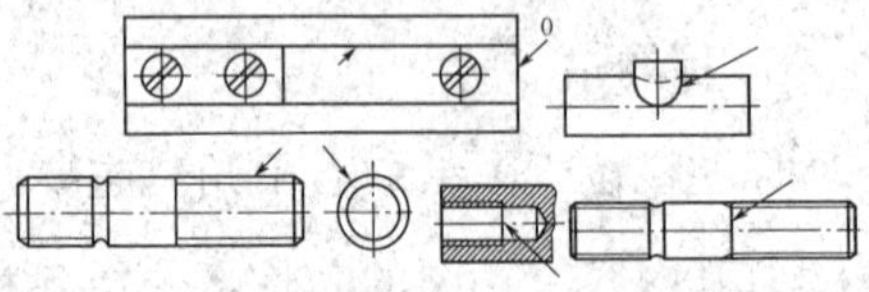
细虚线	----	不可见轮廓线和棱边线	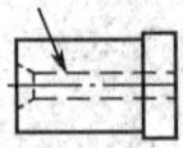
粗虚线	----	允许表面处理的表示线	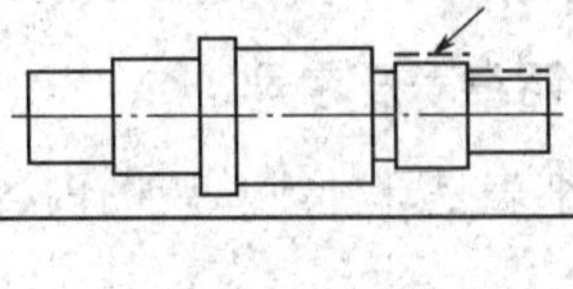

续表

名称	线条	用途	示例（箭头所指引的线）
细点画线	—·—	对称中心线、轴线、分度圆线、孔系分布的中心线等	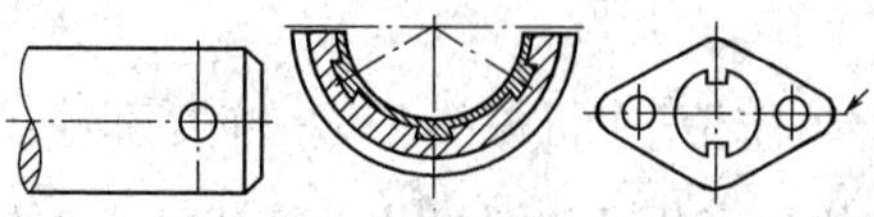
细双点画线	—··—	相邻辅助零件的轮廓线、可移动的极限位置的轮廓线、重心线、成形前的轮廓线、轨迹线、毛坯图中制成品的轮廓线、特定区域线、中断线等	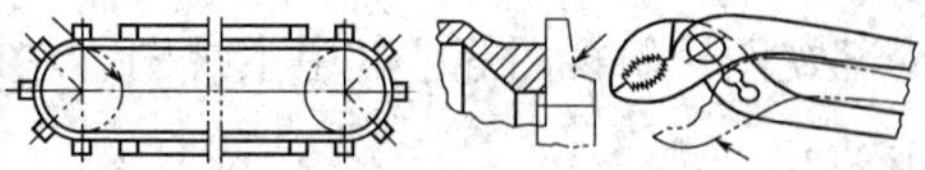
指引线	←→	尺寸标注线（一般为双箭头）和名称等指引线（单箭头）	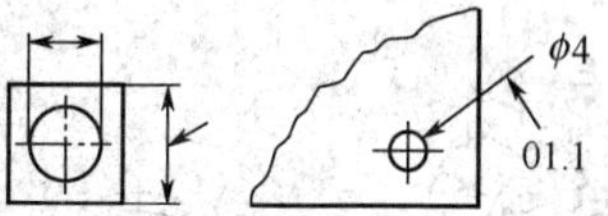 $\phi4$ 01.1
波折线	~	断裂处边界线、视图与剖视图的边界线	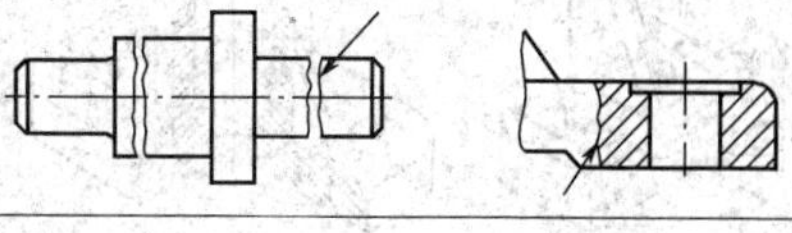
双折线	—⁄\/—	断裂处边界线、视图与剖视图的分界线	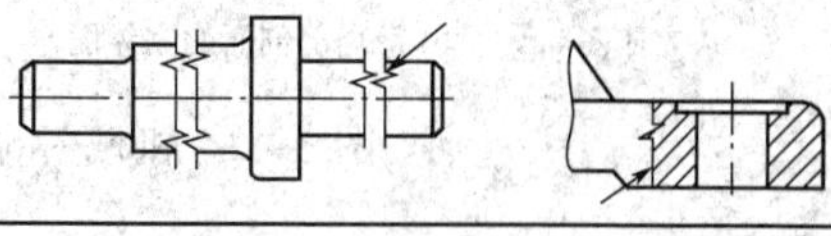

2. 字体

图中标注或说明（例如工艺要求等）的文字（包括汉字、数字和字母符号等）有正体和斜体两大类，汉字一般用长仿宋字体（用计算机绘制的图纸较常用宋体）。目前绝大部分图纸使用计算机绘制，对所用字体的要求虽然已不再强行规定，但仍以宋体或仿宋体为主。

三、机械图的类别

描述一个机械部件（一个零部件或一组零部件或一台机械设备）的机械形状及相关尺寸，可从几个方位绘制出其投影图，比较复杂的需要绘制主视图（正面视图）、左视图、右视图、俯视图和仰视图各一个，有些还需要整体的立体图和剖开部分或全部给出剖面图、局部视图、斜视图等，其中主视图、左视图和俯视图常被称为“三视图”。

图 2-13 给出了一部分示例，图 2-13c 中的图 A、B、C、D、E 分别为主视图、俯视图、左视图、右视图和仰视图。

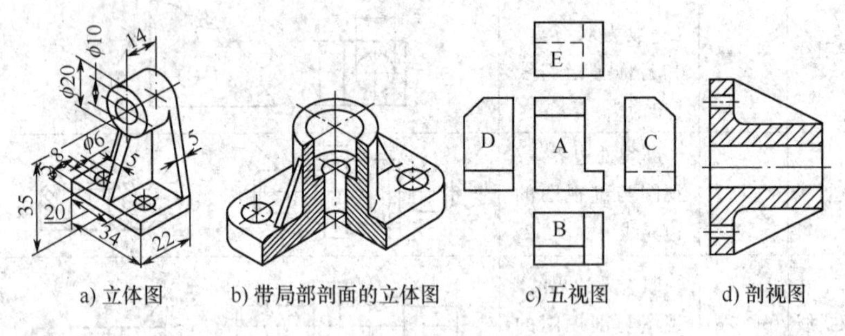

a) 立体图　b) 带局部剖面的立体图　c) 五视图　d) 剖视图

图 2-13　机械图的类别示例

四、部件尺寸的公差及公差带

1. 尺寸偏差

一个部件一般会有多个尺寸（球体的最少）。这些尺寸在加工制造时不可能完全达到理想的数值（被称作“基本尺寸”或“标称值”）。实际生产时，要根据部件精度和部件之间配合类型的需要，给出加工后允许的实际尺寸，或者说给出一个在理想尺寸基础上允许的“波动值”或“尺寸偏差”（简称“偏差”）。

用字母表示尺寸时，对于具有孔的部件和轴类部件，孔的尺寸数据用大写字母，轴的尺寸数据用小写字母。

孔的直径尺寸用 D 表示，大于等于基本尺寸的偏差（称为“上偏差”，下同）用 ES 表示，小于等于基本尺寸的偏差（称为“下偏差”，下同）用 EI 表示；轴的直径尺寸用 d 表示，大于等于基本尺寸的偏差用 es 表示，小于等于基本尺寸的偏差（称为“下偏差”）用 ei 表示。

用 D_{max}、D_{min} 分别表示孔实际直径的最大值和最小值，d_{max}、d_{min} 分别表示轴实际直径的最大值和最小值，则

$$ES=D_{max}-D;\ es=d_{max}-d;\ EI=D_{min}-D;\ ei=d_{min}-d$$

2. 尺寸公差

允许的尺寸波动量称为“尺寸公差”，简称为“公差”，即最大上极限与最小下极限之差，用符号 T 表示，永远为正值。孔的公差用 T_h 表示，轴的公差用 T_s 表示。用算式表示为

$$T_h=|D_{max}-D_{min}|=|ES-EI|;\ T_s=|d_{max}-d_{min}|=|es-ei|$$

3. 公差与配合示意图和计算实例

关于尺寸、公差与偏差的概念可用图 2－14 给出的示意图来表示。

根据图 2-15 给出的孔和轴尺寸，尺寸偏差和公差等相关数据计算见表 2-10。

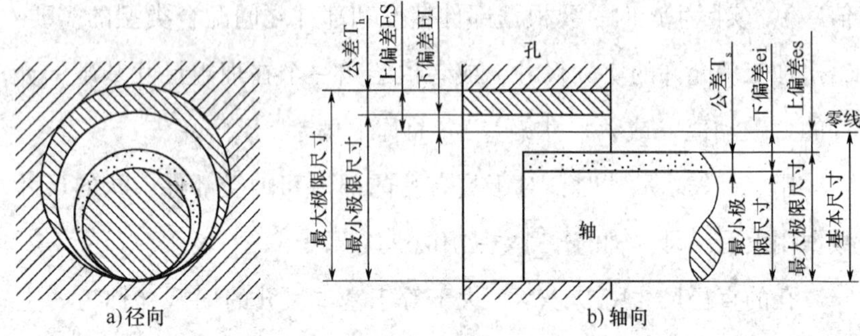

图 2-14　公差与配合示意图

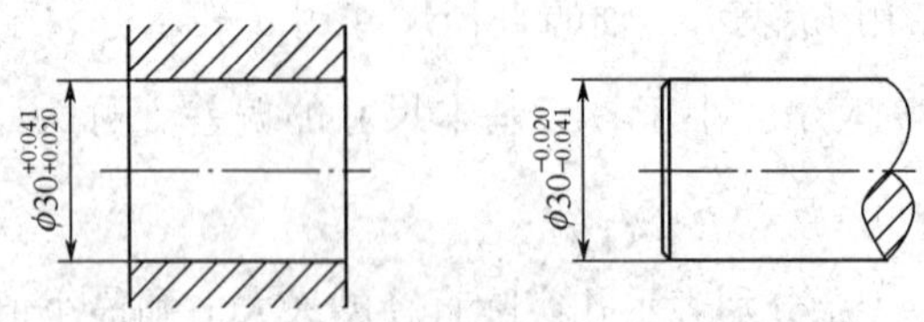

图 2-15　尺寸偏差和公差带例题图

表 2-10　　孔和轴尺寸偏差和公差等相关数据计算表　　单位：mm

尺寸项目	基本尺寸	偏差		极限尺寸		公差
		上	下	最大	最小	
孔	$D=30$	$ES=+0.041$	$EI=+0.020$	$D_{max}=D+ES$ $=30+0.041$ $=30.041$	$D_{min}=D+EI$ $=30+0.020$ $=30.020$	$T_h=\|ES-EI\|$ $=\|0.041-0.020\|$ $=0.021$
轴	$d=30$	$es=-0.020$	$ei=-0.041$	$d_{max}=d+es$ $=30+(-0.020)$ $=29.980$	$d_{min}=d+ei$ $=30+(-0.041)$ $=29.959$	$T_s=\|es-ei\|$ $=\|-0.020-(-0.041)\|$ $=0.021$

4. 公差带和公差带图

允许的尺寸波动量范围称为“公差带”。如图 2-15 中孔的直径尺寸公差带为+0.020～+0.041 mm；轴的直径尺寸公差带为-0.041～-0.020 mm。

公差带图是将两个需要配合的部件相应尺寸公差带绘制在同一条零偏差的横轴（称为“零线”）上下两侧的图，以便更清楚地理解相互配合的关系，图中尺寸单位可用 mm 或 μm。图 2-16 给出了图 2-15 偏差的示例。

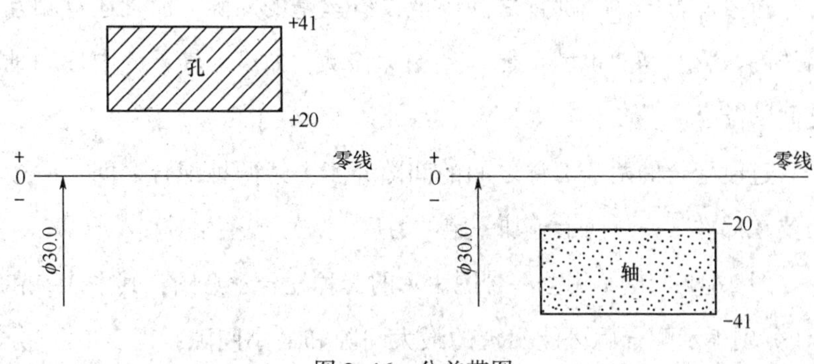

图 2-16　公差带图

5. 公差等级

根据部件的不同精度要求，将加工尺寸的公差分成 01、0、1、…、17、18 共 20 个等级。《产品几何技术规范（GPS）线性尺寸公差 ISO 代号体系　第 1 部分：公差、偏差和配合的基础》（GB/T 1800.1—2020）中规定用 IT01、IT0、IT1、…、IT17、IT18 表示。其中 01 级精度最高，然后依次降低，即 18 级最低。详细数值规定见 GB/T 1800.1。

五、部件配合的种类

1. 部件配合的三种类型

将两个或两个以上零部件装配到一起，形成一个组件或整机的过程叫作“组装”。

两个零部件之间相互配合的松紧度有 3 种情况，分别是间隙配合、过盈配合和过渡配合。

间隙配合的两个部件之间留有一定的间隙，可以做相对移动，如滑动轴承结构的轴与轴承（轴瓦）之间的配合。

过盈配合的两个部件之间不但没有丝毫的间隙，而且还有相互挤压的张力，当然也就不能发生相对移动，如滚动轴承的内环和轴之间的配合。

过渡配合的两个部件之间的间隙介于上述两种配合之间，一般需要在部件某一方向上施加一定的力后，方可产生相对移动。

图 2-17 给出了用公差带图表示的三种配合示意图，其中 X_{max} 和 X_{min} 分别表示配合后可能出现的最大间隙和最小间隙；Y_{max} 和 Y_{min} 分别表示配合后可能出现的最大过盈和最小过盈。

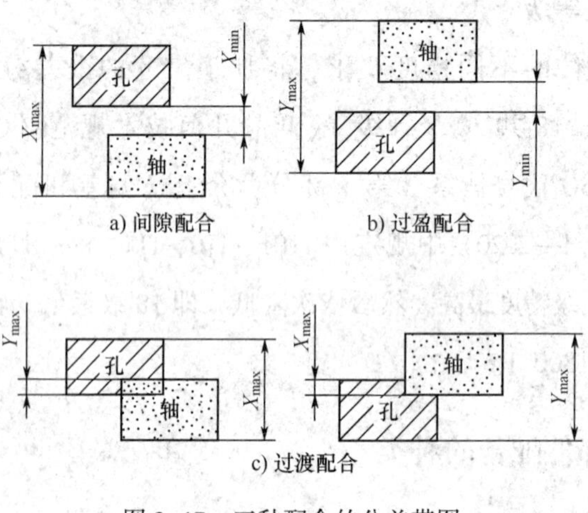

图 2-17　三种配合的公差带图

2. 基本偏差系列

基本偏差是用以确定公差带相对零线位置的上偏差或下偏差，一般为靠近零线的那个偏差。当整个公差带位于零线上方时，基本偏差为下偏差，反之则为上偏差。

国家标准中规定了用一个或两个字母表示的孔（大写字母）和轴（小写字母）各 28 种基本偏差，其排列如图 2-18 所示。其中：A（a）~H（h）用于间隙配合；J（j）~N（n）用于过渡配合；P（p）~ZC（zc）用于过盈配合。

六、基孔制和基轴制

为了使配合种类进一步简化，国家标准规定了两种基准制，即基孔制和基轴制。

基孔制是基本偏差为一定的孔的公差带，与不同基本偏差的轴的公差带形成各种配合的一种制式，如图 2-19a 所示。在基孔制中，孔是基准件，称为基准孔（如作为标准件的轴承内孔），基准孔的基本偏差为下偏差，数值规定为零，其代号为 H。

基轴制是基本偏差为一定的轴的公差带，与不同基本偏差的孔的公差带形成各种配合的一种制式，如图 2-19b 所示。在基轴制中，轴是基准件，称为基准轴（如作为标准件的轴承外圆），基准轴的基本偏差为上偏差，数值也规定为零，其代号为 h。

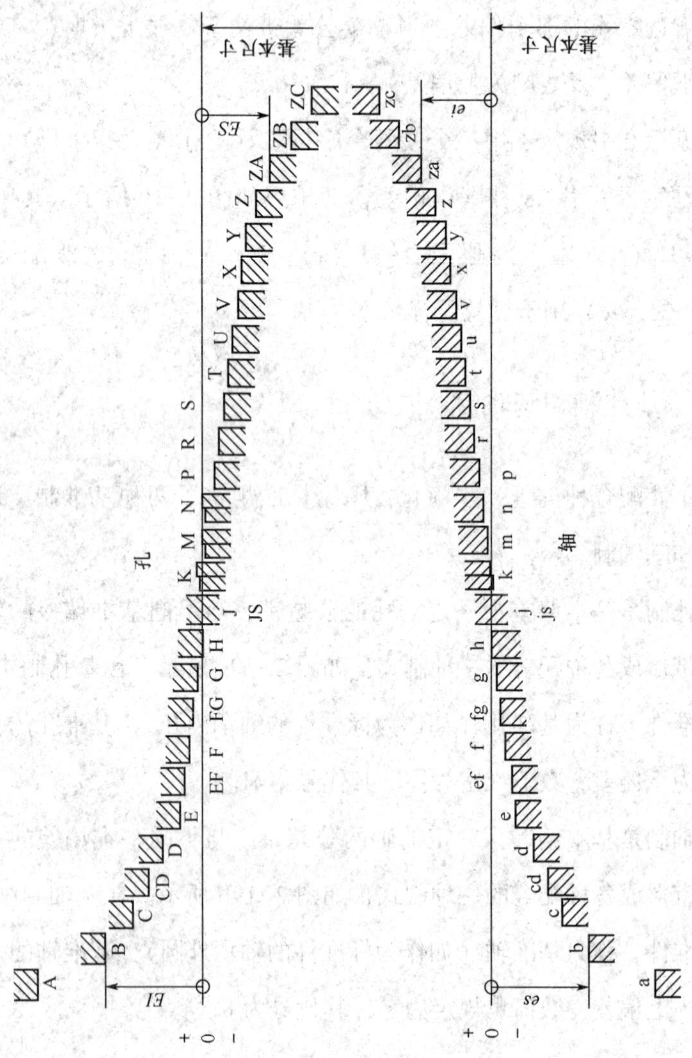

图2-18　基本偏差系列排列图

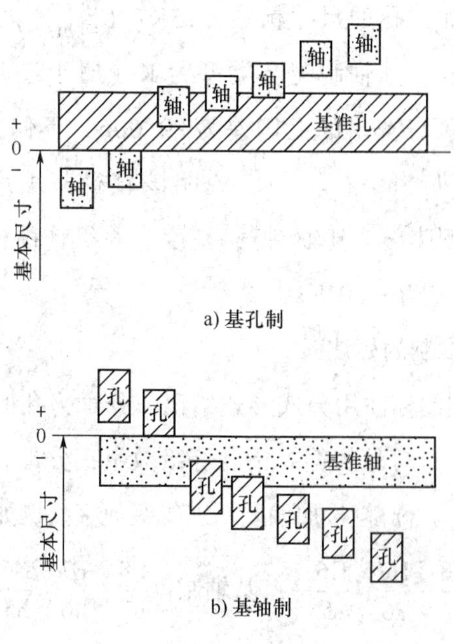

图 2-19　基准制

七、公差数值和基准制的表示方法

1. 无须与其他部件进行配合的独立尺寸数据

在图纸上，一个独立的尺寸数据的标注要由尺寸类别（一般直线长度无此部分）、基本尺寸（名义尺寸）和上下偏差（或精度等级）3 部分组成，如一个圆柱体的横截面直径（用 ϕ 表示该尺寸是直径）及长度分别写成：$\phi100^{+0.15}_{-0.02}$和 $\phi200^{+0}_{-0.10}$。

2. 需与其他部件进行配合的尺寸数据

需要与其他部件相配合的尺寸，则还包括配合符号（孔的尺寸用大写字母；轴的尺寸用小写字母），精度等级和公差值往往会同时存在。例如，孔的尺寸标成 $\phi 25K7\ (^{+0.006}_{-0.015})$，说明该直径基本尺寸为 25 mm，基轴制配合类型为 K（属于过渡配合），精度为 7 级（由相关表查出的上偏差为+0.006，下偏差为-0.015）；轴的尺寸标成 $\phi 25h6\ (^{0}_{-0.013})$，说明该直径基本尺寸为 25 mm，基轴制配合类型为 h（基轴制），精度为 6 级（由相关表查出的上偏差为 0，下偏差为-0.013）。

3. 两种基准制的标注

两种基准制的标注用分式形式给出，分子为孔的配合字母（大写，基孔制为 H）符号加偏差精度等级数字；分母为轴的配合字母（小写，基轴制为 h）符号加偏差精度等级数字。例如：

基孔制：$\frac{H8}{e7}$、$\frac{H7}{g6}$、$\frac{H6}{s5}$等；基轴制：$\frac{E8}{h7}$、$\frac{F7}{h6}$、$\frac{N6}{h5}$等。

4. 不标注公差的数据

在图纸上，有些数据没有标出公差值，也就是说只有一个基准数据，例如 150。此时不等于该数值不允许有偏差或偏差值大小可以随意，而是由于这些数值是要求精度不高的非配合尺寸，或者在车间一般加工条件下可保证的公差，为使图面清晰而没有标注。这些公差也称为“一般公差”。

国家标准中对这些尺寸数据的公差按 f、m、c、v 共 4 个等级要求，均采用对称的极限偏差，其值参见《一般公差　未注公差的线性和角度尺寸的公差》（GB/T 1804—2000），表 2-11 摘录了其中一部分。

表 2-11　　一般公差中线性尺寸的极限偏差数值　　单位：mm

公差等级	尺寸分段							
	0.5~3	>3~6	>6~30	>30~120	>120~400	>400~1 000	>1 000~2 000	>2 000~4 000
f(精密级)	±0.05	±0.05	±0.1	±0.15	±0.2	±0.3	±0.5	-
m(中等级)	±0.1	±0.1	±0.2	±0.3	±0.5	±0.8	±1.2	±2
c(粗糙级)	±0.2	±0.3	±0.5	±0.8	±1.2	±2	±3	±4
v(最粗级)	—	±0.5	±1.0	±1.5	±2.5	±4	±6	±8

线性尺寸的一般公差的表示方法，一般是在图样、技术文件或标准中用标准号和公差等级符号表示，例如选用中等级时，表示为：GB/T 1804-m。

某些将要由其他因素左右的一些尺寸（如电机底脚安装孔的距离偏差需要各孔的位置度来决定）原则上也属于这种公差，但往往会将其数据用一个方框框起来，例如电机底脚安装孔之间的距离 A 值为 125 mm，则标成[125]。

一般公差中倒圆半径与倒角高度尺寸的极限偏差数值见表 2-12。

表 2-12　　一般公差中倒圆半径与倒角高度尺寸的极限偏差数值　　单位：mm

公差等级	尺寸分段			
	0.5~3	>3~6	>6~30	>30
f（精密级），m（中等级）	±0.2	±0.5	±1	±2
c（粗糙级），v（最粗级）	±0.4	±1	±2	±4

模块 4　电动机结构简介

一、常用电动机的分类

电动机按大小、结构、用途等不同要素，有多种分类，详见表 2-13。

表 2-13　　　　电动机分类

分类要素	常用种类	简介
1. 机座号大小	1）大型电动机	机座号（中心高 H）：>630 mm
	2）中型电动机	机座号（中心高 H）：355~630 mm
	3）小型电动机	机座号（中心高 H）：63~315 mm
	4）小功率电动机	折算至 1 500 r/min 时连续额定功率不超过 1.1 kW 的电动机
	5）微型电动机	机座号（中心高 H）：<63 mm
2. 外壳材料	1）铸铁壳	如 Y、Y2、Y3、YX3、YS 等
	2）铝壳	有压铸铝壳和铝型材外壳两种，如 MS、ML、MY、MC 等
	3）钢板壳	有钢板拉伸、钢管或钢板卷圆等类型
3. 电源相数	1）单相电动机	常用的有中小型三相交流异步电动机、单相交流异步电动机、永磁同步电动机、直流电动机等系列产品
	2）三相电动机	
4. 交/直流电源	1）交流电动机	
	2）直流电动机	
5. 同/异步运行	1）同步电动机	
	2）异步电动机	

续表

分类要素	常用种类	简介
6. 电压高低	1）高压电动机	额定电压：>1 000 V
	2）低压电动机	额定电压：<1 000 V
7. 使用环境	1）普通型	无特殊环境要求的一般电动机
	2）防爆型	用于含有可爆炸气体或粉尘的场合
	3）湿热型	用于湿热环境的电动机
	4）船用型	按船用标准生产制造的电动机
8. 有无电刷	1）无刷	一般交流电动机均为无刷电动机
	2）有刷	直流电动机、串激电动机多数为有刷电动机
9. 转速可否调整	1）单一转速	一般用途的单、三相交流电动机
	2）多速	有两种以上转速，一般采用绕组的串/并联调速
	3）无级调速	一般要采用辅助的控制器，常用的有电磁调速和变频调速
10. 其他特殊用途电动机	1）步进电动机	用于一般精度的控制电动机
	2）伺服电动机	有交流伺服电动机、直流有刷伺服电动机及直流无刷伺服电动机等，用于较高精度的控制电动机，如工业机器人（机械手）、数控加工设备等
	3）直线电动机	用于直线运动场合，如冲床、轨道列车驱动等

此外，按其他使用功能分类的特种电动机还有很多，此处不一一列举。

二、电动机的构造

中小型三相交流异步电动机（简称三相电动机）是最常用的工业用电动机，其代表产品是 1975—1981 年全国统一设计的 Y 系列三相电动机，以及改进型的 Y2、Y3 系列和 MS 系列等，还有 YX3、YE3 系列等高效率三相电动机。这些电动机的结构基本相同，均是笼型转子，主要由定子、转子、机壳、前后端盖及出线盒等组成，电动机外形如图 2-20 所示，三相交流异步电动机结构剖视图如图 2-21 所示。单相电动机在家用或民用设备的应用比较广，与三

a) 三相电动机外形　　b) 单相电动机外形

图 2-20　电动机外形图

图 2-21　三相交流异步电动机结构剖视图

相电动机在结构方面的差异表现在增加了电容器及离心开关。下面重点介绍三相异步电动机的主要零部件。

1. 定子

定子是电动机的一大组成部分，主要由机壳、定子铁芯、定子绕组等组成。如图 2-22 所示为带绕组定子铁芯压到机壳后的定子，包含定子铁芯、机壳、绕组及绝缘等。

(1) 定子铁芯。定子铁芯由 0.5 mm 厚的硅钢片叠压而成，外形如图 2-23 所示。Y、Y2 系列电动机的硅钢片型号为 DR510-50 热轧硅钢片。由于热轧硅钢片已淘汰，大多数普通电动机一般采用 50W800 冷轧硅钢片，型号中的 W 代表无取向冷轧硅钢片，不同企业的硅钢片型号中的英文字母代号有所区别，如武钢用“WG”，马钢用“MW”，还有的将公司代号字母放置在最前面，如包钢用 BR50W800 表示。在中间字母前的数字“50”表示硅钢片的厚度是 0.5 mm，字母后的数字“800”表示该型号的硅钢片磁感应强度为 1.5 T、频率为 50 Hz 条件下的铁损值不超过 8 W/kg（一般企业标准规定的铁损标准值都小于该值）。而高效电动机为了减少铁芯的铁耗，需要采用 50WG600 或 50WG470 等更高牌号（铁损较小）的冷轧硅钢片。定子冲片冲制后，叠压成规定长度的铁芯，叠压时一方面要确保叠压的压力，另一方面要保证铁芯的长度，因为铁芯是否压紧对电动机性能影响比较大，所以为了确保铁芯能压紧，一般判定方法是在规定的长度公差范围内，称定子铁芯是否达到规定的重量。另外，硅钢片的毛刺不得太大，否则会影响铁芯的压装质量，同时还容易造成定子绕组与硅钢片间短路。

图 2-22　定子

图 2-23　定子铁芯

（2）机壳。机壳也称机座，其外形如图 2-24 所示，用于支撑定子铁芯及整个电动机。机壳多采用铸铁铸造而成，也有用钢板制成的，另外，较小功率的电动机，也有的采用压铸铝机壳或挤压铝型材机壳。不同系列电动机机壳的形状有所不同，一些带凸缘端盖的电动机不带底脚，出线盒的安装面也有所不同，有些是在机壳的侧面，有些是在机壳的顶面。此外，一些微型电动机不带机座，由前后两个端盖直接抱住铁芯，并用端盖孔安装。

图 2-24　机壳

（3）定子绕组。由电磁线绕制成的定子绕组，按一定的跨距嵌入定子铁芯的槽内，定子绕组如图 2-25 所示。绕组所用的电磁线多种多样，根据金属材质分有漆包圆铜线、漆包圆铝线以及铜包铝线等。电磁线外表均有一层绝缘漆膜，具有绝缘作用，避免同槽内的电磁线之间出现短接。以往传统电动机一般采用人工嵌线，生产效率较低，随着工业自动化设备的日渐普及，对于较大批量的电动机，越来越多地采用自动嵌线、整形，大大提高了生产效率。

图 2-25　散嵌定子绕组

（4）定子的绝缘。为了确保电动机使用过程的安全及使用寿命，电动机的定子必须有可靠的绝缘。小型电动机的绕组是漆包圆铜线，虽然外表有一层绝缘漆，但如果直接接触定子铁芯等金属表面，比较容易被刮破漆膜，所以一般不能直接与铁芯等金属表面直接接触。为此，电动机定子的绕组（漆包圆铜线）与定子铁芯槽周边需垫绝缘纸，也就是槽绝缘。为了防止绕组层间短路，在双层绕组的上下层之间也需加绝缘纸，也就是层间绝缘。另外，对三相电动机，为了防止不同相之间短接击穿，端部不同相的绕组之间也需加绝缘纸，即端部相间绝缘。定子槽绝缘纸如图 2-26 所示。

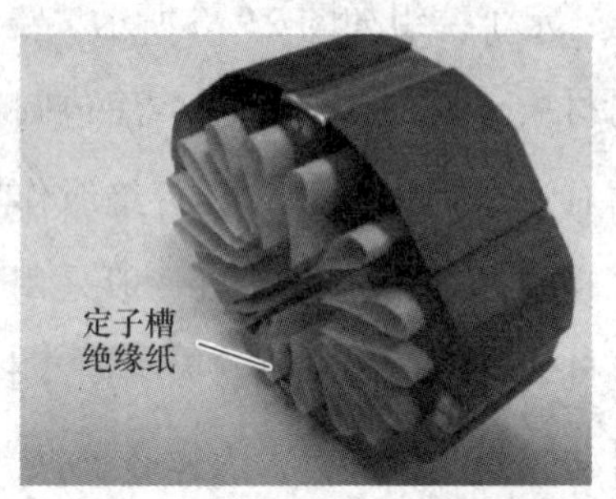

图 2-26　定子槽绝缘纸

2. 转子

转子由转子铁芯、转轴及轴承等组成，如图 2-27 所示。中小型电动机的转子均采用笼型压铸铝转子，也就是转子中的笼条及端环是由铝压铸而成，转轴一般由 45 钢车削加工而成，与转子压装后再加工转子铁芯外圆至规定尺寸。轴承一般是前后各一个，小型电动机多数用双密封单列向心球轴承，而较大电动机采用滚柱轴承，特殊安装、用途的电动机也有采用推力轴承等其他类型轴承。

图 2-27　转子

3. 前、后端盖及轴承盖

两个轴承需要分别装在前、后端盖内，以支撑转子。较大规格的电动机，还需采用轴承盖，根据不同的设计结构，分为轴承内盖和外盖，装于端盖的内、外两端。端盖如图 2-28 所示。还有部分带法兰孔安装的端盖，称凸缘端盖。

图 2-28　端盖

4. 波形垫圈及油封

为了防止电动机装配后轴向卡死，一般设计时都留有一定的轴向窜动量，为了使电动机转子轴承有一定的预紧力，在电动机端盖的轴承室与轴承外端垫一个波形垫圈（见图 2-29），但带有轴承内外盖的电动机一般可以不用波形垫圈。防护等级在 IP54 及以上的电动机，前后轴承外端需分别加一个油封，以达到所需的防护等级，骨架油封如图 2-30 所示。

图 2-29　波形垫圈

图 2-30　骨架油封

5. 出线盒、接线端子及接地装置

出线盒一般由出线盒座和出线盒盖组成，如图 2-31 所示，但也有的电动机没有出线盒座，由一个出线盒盖盖住接线端子。接线端子（见图 2-32）用于固定电动机定子引出线，通过连接片连接不同的端子形成电动机所需的接线方式，并作为电动机的电源线的接线端子。接线盒内一般设有接地装置，包括接地螺钉、接地标识牌及垫圈等。

图 2-31　出线盒

图 2-32　接线端子

6. 风扇及风罩

大部分防护等级为 IP44 及以上的电动机，都采用外风扇散热。风扇（见图 2-33）装于电动机的后端盖外，风扇外套有一个风扇罩，如图 2-34 所示。电动机转动时，风扇与转轴一起转动，将风吹向风扇罩，再折吹到电动机机壳的散热片，使电动机外表面得到有效冷却，从而降低电动机的温度。

图 2-33　风扇

图 2-34　风扇罩

三、电动机的结构、安装型式及其代号

根据安装需求，电动机的机壳有多种安装方式。《旋转电机结构型式、安装型式及接线盒位置的分类（IM 代码）》(GB/T 997—2008)对电动机的各种安装结构及安装型式的代号做了具体的规定。电动机的结构及安装型式用“国际安装”（international mounting）的首字母 IM 表示，其代号组成方式有两种规定，见表 2-14。中小型电动机常用的结构及安装型式见表 2-15。

表 2-14　　电动机结构及安装型式的规定

分类方法	规定 1	规定 2
电动机结构及安装型式代号	IM□□ 特征代号，1位或2位数字 安装类型代号：B—卧式安装；V—立式安装	IM□□□□ 轴伸型式代号 安装型式代号（由两位数字组成） 结构型式代号 上述 3 种代号均用阿拉伯数字表示
适用范围	具有端盖式轴承和一个轴伸的电动机	适用于更广的电动机型式，包括代码 1 涉及的电动机型式

表 2-15　　中小型电动机常用的结构及安装型式

安装类型	代号		示意图	结构及安装型式
	规定 1	规定 2		
卧式安装电动机	IM B3	IM 1001	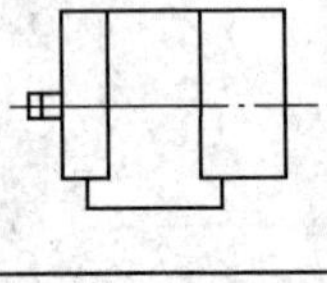	两个端盖，有底脚，有轴伸，借底脚安装在基础构件上

续表

安装类型	代号		示意图	结构及安装型式
	规定 1	规定 2		
卧式安装电动机	IM B35	IM 2001		两个端盖，D 端（轴伸端，下同）端盖带凸缘，有通孔，有底脚，借底脚安装在基础构件上，用 D 端的凸缘面作附加安装
	IM B34	IM 2101		两个端盖，D 端端盖带凸缘，有螺孔，有止口，有底脚，借底脚安装在基础构件上，用 D 端的凸缘面作附加安装
	IM B5	IM 3001		两个端盖，D 端端盖带凸缘，有通孔，无底脚，借 D 端凸缘面安装
	IM B6	IM 1051		两个端盖，有底脚，借底脚安装，从 D 端看底脚在左边
	IM B7	IM 1061		两个端盖，有底脚，借底脚安装，从 D 端看底脚在右边
	IM B8	IM 1071		两个端盖，有底脚，有轴伸，借底脚安装，底脚在上
	IM B20	IM 1101		两个端盖，有抬高的底脚，有轴伸，借底脚安装，底脚在下

续表

安装类型	代号		示意图	结构及安装型式
	规定 1	规定 2		
立式安装电动机	IM V1	IM 3011		两个端盖，D 端端盖带凸缘，凸缘有通孔，无底脚，轴伸向下，借 D 端凸缘面安装
	IM V3	IM 3031		两个端盖，D 端端盖带凸缘，凸缘有通孔，无底脚，轴伸向上，借 D 端凸缘面安装
	IM V15	IM 2011		两个端盖，D 端端盖带凸缘，凸缘有通孔，有底脚，轴伸向下，借底脚安装，有 D 端的凸缘面作附加安装
	IM V5	IM 1011		两个端盖，有底脚，轴伸向下，借底脚安装
	IM V6	IM 1031		两个端盖，有底脚，轴伸向上，借底脚安装

第3单元 电机装配操作技能

本单元主要介绍三相异步电动机装配的基本操作方法，并对单相异步电动机与三相异步电动机有差异的操作工序做补充介绍。三相笼型异步电动机的主要零部件的装配关系如图 3-1 所示。

图 3-1　三相交流异步电动机装配关系图

模块 1　电机装配前零部件的清理

电动机装配前各主要零部件的清理属于装配前的准备工序，其目的，一方面是确保电动机的质量，防止零部件表面生锈、腐蚀；另一方面是使装配顺利，提高一次装配合格率，避免出现不必要的返工、返修。

下面重点介绍电动机的机壳、前后端盖及转子等主要零部件的清洗及防锈处理。

一、机壳、前后端盖和转子的清洗和上漆

1. 准备工作

工作场所必须进行清理、保持清洁、没有灰尘，有可能会产生明火的设备要远离现场。操作工必须穿戴必要的防护服装及相关防护装备，常用的防护装备如图 3-2 所示。

a)防噪声耳罩

b)折叠式防颗粒口罩

c)安全防护鞋

图 3-2　常用的防护装备

2. 工具及材料

清洗池、90 号汽油（或者二甲苯）、清洗毛巾、刷漆用毛刷（或喷漆设备）、防锈底漆。清洗池及毛刷如图 3-3 所示。

3. 机壳、前后端盖的清洁、涂漆

机壳、端盖及轴承盖等铸件，由于存放、加工等原因，会造成原有的防锈漆部分脱落，同时加工后的非配合面也容易生锈；同样，压铸铝件，由于加工过程会使工件表面粘有铝屑及油污，所以有必

图 3-3　清洗池及毛刷

要进行清洁及涂漆处理（铝件一般不涂底漆）。

当然，不同工厂根据其生产设备情况的不同，其清洁方法也有所不同。如铝壳电动机生产企业，电机端盖大部分均采用超声波自动清洗设备，其清洗方法参照相应的操作规程，这里重点介绍普通铸件的手工清洗及涂漆的操作方法。

（1）清洗。将需清洗的铸件放入清洗池中，将汽油（或者二甲苯）倒入清洗池，用量以液体高度达到工件面为准。转动工件，用刷子用力地将工件表面的油污及铁屑清洗干净，将清洗好的工件放到干净的架子上。较大的铸件如机壳或大的端盖等，清洗不便的，可采用高压气枪将机壳及前后盖内膛及表面的铁屑及灰尘吹除干净。喷塑电动机的机壳、端盖不能浸入汽油中清洗，只要将内表面的灰尘清除即可。

（2）涂漆。用刷子将机壳内部的非配合过渡表面、端盖的内表面以及轴承内盖的表面均匀涂上铁红防锈底漆。注意：机壳铁芯配合面与止口以及端盖的轴承室与止口均不能涂上底漆，必要时涂防锈油。

4. 转子的清洗、涂漆

转子的清洗、涂漆方法与上述的铸件清洗操作相似，具体操作如下：

（1）清洁。将汽油倒入清洗池，用量根据转子大小而定，一般需盖过转子表面的高点。将转子放入清洗池中，转动转子，用刷子用力地将转子表面、端环两侧的油污清除，并清理干净转轴键槽内的铁屑等，将清洗好的转子放到干净的转子架上。注：表面较干净的转子，可只清理表面的毛刺及灰尘，不必整个浸入清洗。

（2）涂漆。待上述转子表面的汽油挥发干（必要时也可以烘干）后，在转子表面均匀地涂（刷或喷）上转子防锈漆，为了涂漆均匀，最好在转盘或专用的架子上操作，用手刷时尽量沿着轴向来回刷，以保证转子表面防锈漆均匀，避免出现漆瘤及挂漆。转子表面采用喷漆的，一般需放置于专用转盘或架子上，均匀地在转子铁芯表面喷上防锈漆，注意转子其他部位（如轴承挡圈等）需遮盖好，否则清理比较麻烦。将喷好漆的转子送入烘箱进行烘干处理，具体烘干温度及时间依据相应的作业指导书的规定，采用自干漆的放置于通风处晾干即可。

5. 操作注意事项

（1）转子在清洗和叠放过程中不能有重的磕碰和互相摩擦，清洗后表面不得再粘上油污、铁屑或灰尘等。

（2）手工刷漆只刷转子铁芯外径表面，端环和轴的其他部位可以不刷。特别是采用喷漆的应防止轴承挡位也喷上。

（3）刷漆或喷漆一定要均匀，转子表面不能有明显的挂漆现象。

（4）转子漆烘好，如果没有在短时间内使用，应该用塑料布盖好，以防止灰尘等杂物落在表面上。同样，刷漆后的机壳、端盖一定要堆叠放在工件板上，摆放整齐，不得超过规定的叠放高度。

（5）汽油（或二甲苯）和油漆属于易燃易爆液体，清洗场所应保持通风阴凉，附近不能有火源，操作现场禁止吸烟。操作人员需戴防护口罩。

二、带绕组定子的清理

带绕组定子（即嵌线、浸漆烘干后的定子）经过浸漆烘干，其内外表面及端部一般有少许挂漆，如果没有清除，将会影响电动机的装配质量，容易出现磨底、刮纸，甚至卡死等现象，因此电动机的带绕组定子在压装前必须进行清理。

1. 准备工作：工作场所保持清洁，没有灰尘。穿戴必要的防护服装及防护装备。

2. 工具及材料：刮刀（可自制，一般用锉刀或锯条改制）、木桌、2 号或 3 号砂纸、高压气枪及剪刀等。

3. 具体操作

（1）定子铁芯外表面清理：将定子平放在木桌（或带有防护垫的铁板桌）上，用刮刀或锉刀剔除定子铁芯外径表面上的挂漆（见图 3–4），在定子扣铁部位的挂漆如果低于定子外径表面，可不用剔除，经过剔除的部位如还残留有一定的漆痕迹，这时候可用砂纸研磨，直到铁芯表面没有明显的凸起，挂漆清除后的定子如图 3–4c 所示。

（2）定子端部及内孔清理：检查两端部，用剪刀将挂留在端部外围的漆须或翘起端部绝缘纸（见图 3–5）剪去。查看并用手触摸

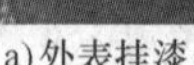

a)外表挂漆

b)清理过程

c)挂漆清除后

图 3-4　清理铁芯挂漆

定子铁芯内表面，碰到挂漆，用刮刀沿着直槽方向剔除干净，用手摸时，如果有竹签或绝缘槽纸突出定子槽口，也要用刮刀剔除。确认清理干净后，用高压气枪吹去清理产生的漆皮等杂物。

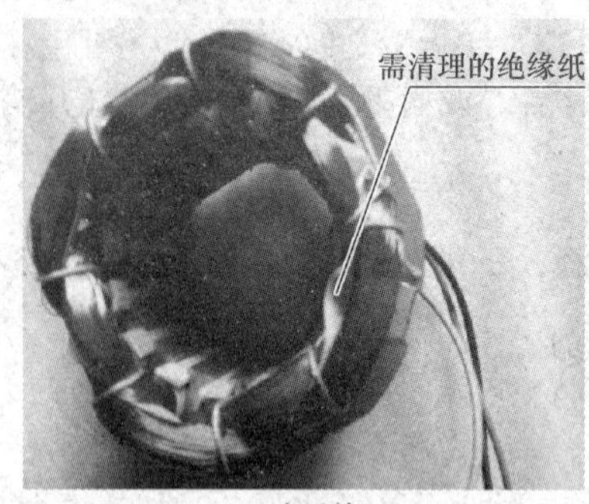

a)清理前

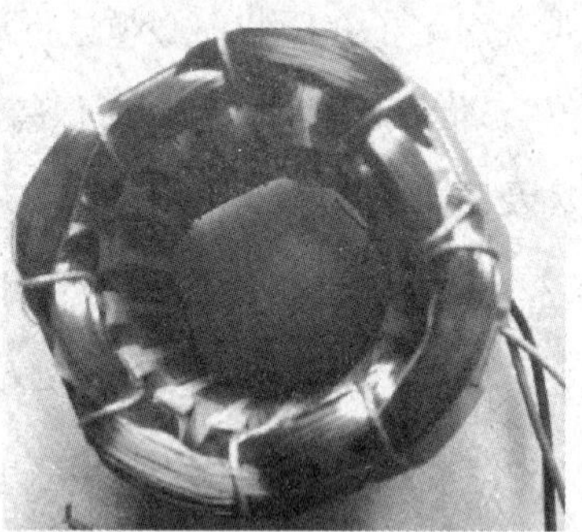

b)清理后

图 3-5　定子内表面及端部清理

4. 注意事项

以上操作必须小心谨慎，用刮刀的时候，要注意控制力度、角度，否则容易碰到定子端部，也容易割到自己的手。定子外径和内径如果没有清理干净，表面还有遗留物，定子压装后容易偏心，转子装配后容易产生磨底现象。

模块 2　电机轴承装配

电机轴承装配，主要是在已加工好的电机转子上，装上轴承。所用的主要材料有电机转子、轴承，如图 3-6 所示。

图 3-6　转子、轴承

电动机转子主要由压铸转子铁芯和转轴组成。装配前的转子必须是经过加工合格的产品。同一机座号铁芯长短不同的转子一般在转轴的轴伸端面做有不同颜色的标识以便区分，具体见工厂产品标识的规定。

一、中小型电机常用轴承简介

轴承的种类很多，但中小型电动机使用的轴承多数为滚动轴承，常用的有深沟球轴承、圆柱滚子轴承等，其结构如图 3-7 所示，外形如图 3-8 至图 3-10 所示。一般小型电动机的轴承，多采用深沟球轴承，较大电动机采用圆柱滚子轴承。

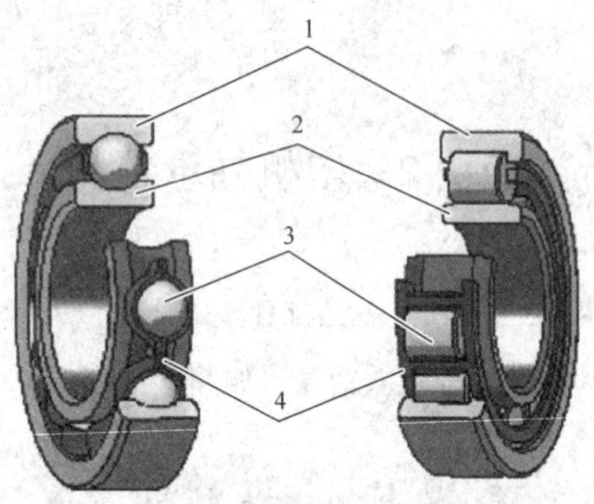

图 3-7　滚动轴承的结构

1—外圈　2—内圈　3—滚动体　4—保持架

图 3-8　深沟球轴承

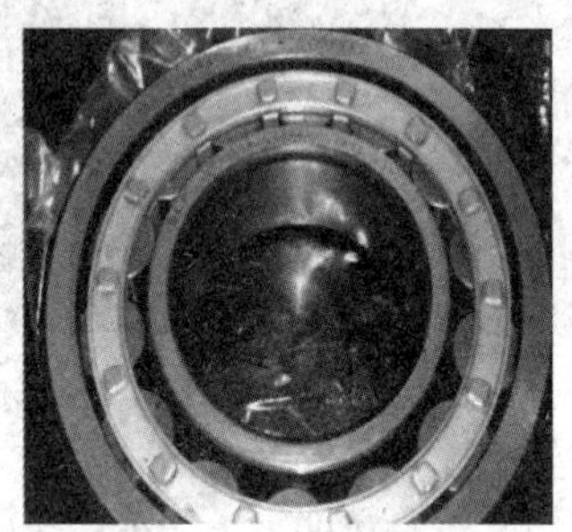

图 3-9　圆柱滚子轴承

图 3-10　单列向心球轴承

轴承代号由基本代号、前置代号和后置代号构成。轴承的代号一般标注于轴承的侧面，如图 3-8 所示。轴承代号的含义查阅《滚动轴承　代号方法》(GB/T 272—2017)。

二、电机轴承安装

1. 安装前的准备及要求

（1）安装轴承之前必须将转子（见图 3-11）、端盖和轴承等零部件清理干净，与轴承配合的零部件表面应光滑，不得有毛刺、锈斑、磕碰划伤，非配合面不得有铁屑、尘土、油污。

图 3 11　存放架上的转子

（2）安装轴承时应将标有轴承代号的一侧朝外，方便识别轴承型号，为维护及更换提供便利。

2. 轴承的热套过程

电动机轴承安装常用的方法有热套和冷压两种方法。一般较大的电动机用热套法，而较小的电动机常用冷压法。轴承热套过程如下：

（1）轴承加热。轴承的加热方式，常用的有感应加热器加热、电炉箱加热、电热油箱加热等。一般的全封闭式球轴承，不推荐电热油箱加热，因为这种加热方法对轴承的润滑油脂有不良影响，而且安装速度较慢。采用热套安装时，轴承（内圈）受热必须均匀，最高温度一般不超过 100 ℃，时间不宜太长，具体加热温度及加热时间根据不同的产品有不同的规定，应依据相关的作业指导书操作。轴承的加热现采用最普遍的是感应加热，该方法加热速度快。轴承感应加热器加热如图 3-12 所示，将型号规格确认好的轴承，套到已调好温度及时间的感应加热器加热芯棒内，开启加热开关，加热时间到，设备会自动提示，此时就可以进行热套了。

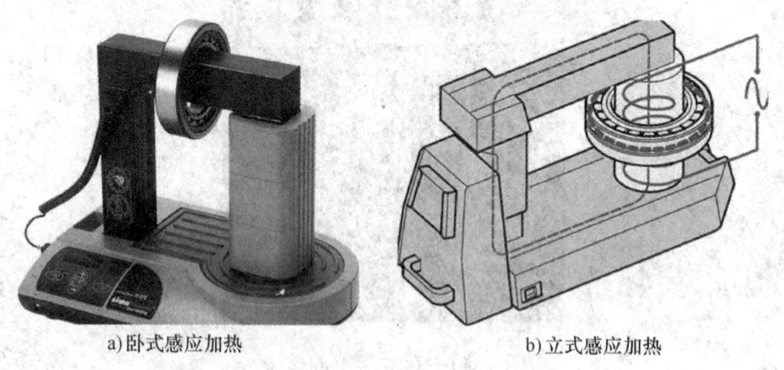

a) 卧式感应加热　　b) 立式感应加热

图 3-12　轴承感应加热器加热

（2）热套轴承。将上述已加热好的轴承从加热棒内取出（若为连续生产，此时再套上另一个轴承，开启感应加热器开关），戴好耐高温手套，拿到已摆放到专用热套架上的转子上，对准中心，迅速顺势往下套，此时要确定套到位，如卡在轴承位中间，需立即用备好的轴承压装套筒，并用锤子敲击，直至套到轴肩。操作时一定要戴好耐高温手套，防止烫伤手。待架子上的转子单边轴承套好，确认轴承已充分接触轴，不会移位后，将转子调转，按上述方法再套另一端的轴承。

注意事项：①以上热套属高温作业，注意安全，周边不得有易燃品。②热套一批轴承发现个别不能顺利套到位属正常，如较多则需检查轴承配合尺寸是否合适，如尺寸配合没有问题，则需调整加热温度或加热时间，这些都必须反馈到工艺管理部门进行确认。③套入时注意轴承方向，印有型号的一侧应朝外。④调转或移动转子时一定要确认已套轴承充分收缩抱紧转轴，否则容易造成轴承移位。⑤为了尽量缩短轴承从加热器取下至套到转轴上的时间，加热器应尽量放置在离转子热套架距离较近的地方，以便操作。

另外，用电炉箱、电热油箱等加热方式，与上述的区别在于可以同时加热一批轴承，热套方法与上述操作方法相同。

3. 轴承的压装（冷压）过程

目前工厂对小型轴承通常采用冷压法，即用一定的压力将轴承压到转轴的轴承位上。根据不同的情况，压装设备有油压机、气动轴承压装机及手动轴承压装机等。

（1）套轴承。将轴承套到电动机的转子轴上，套上轴承压装工装，并置于轴承压装机上，轴承压装机外形如图 3–13 所示。注意：应将轴承印有型号标识侧朝外。

（2）压轴承。操作轴承压装机开关，通过轴承压装工装，缓慢推压轴承内圈，移动轴承，直至轴承压到规定的位置，一般情况下，压到的位置是由压装工装定位。此过程必须注意控制压力的大小及压入速度，避免使用太大的压力或压入速度过快而损坏轴承。轴承安装后的电动机转子如图 3-13 所示。

图 3-13　轴承压装机

注意：安装时禁止使用铁锤直接敲击轴承，否则容易把挡边敲坏，对轴承是致命的损伤。

4. 检查

轴承安装后，需查看轴承是否压到位，如果没有，则需再次压到位；还需检查轴承是否转动正常，用手转动轴承，如发现轴承转动不灵活或有异响，说明轴承已损坏，需做好不合格标识或放入不合格品区。

5. 其他注意事项

轴承是精密部件，安装应十分谨慎。轴承的安装过程应注意如下事项：

（1）保持轴承及其操作场所的清洁。即使是肉眼看不到的微小灰尘、手接触时粘上的汗液也会给轴承带来不良的影响。

（2）安装操作需小心谨慎。野蛮操作给轴承强烈冲击，轴承容易出现伤痕或压痕，造成轴承的异响，致使轴承损坏。严重时，会引起裂缝、断裂，诱发事故。

（3）避免轴承生锈。操作轴承时，粘上的汗液会造成其生锈，要注意用干净的手操作，尽量戴手套操作。

三、轴承拆卸

轴承拆卸方法要领与安装相同，只是用力的方向不同。

拆内圈拉内圈，拆外圈拉外圈。多数使用专用轴承工具，如图 3-14 所示。轴承的拆卸工具有多种，但多数的原理相同，基本上采用丝杆螺母的传动原理，只是结构型式有所不同，以适用于不同类型或不同大小轴承的拆卸。拆卸轴承前，先选择适合的拆卸工具，操作时将拆卸工具的顶尖顶住拆卸轴承外侧的轴端顶尖孔，再调整爪卡位置，勾住轴承内侧，固定好位置，转动丝杆头部的转柄（或用扳手转动丝杆），使丝杆逐步往内移动，顶紧转轴，因爪卡对轴承内侧的拉力作用而使轴承慢慢往外动，此时丝杆有所松动，继续转动丝杠，向内顶，直至将轴承拔出。在拆卸过程中避免用力过猛，以免造成工件或轴承损坏。如发现轴承很紧，可采用适当力度敲击，或在轴承内圈与轴的结合处注些柴油，或用局部加热等辅助方法。由于拆卸方法及配合松紧不同，拆卸下的轴承有可能会损坏，如若使用，需重新清理、检测合格后方可再次使用。

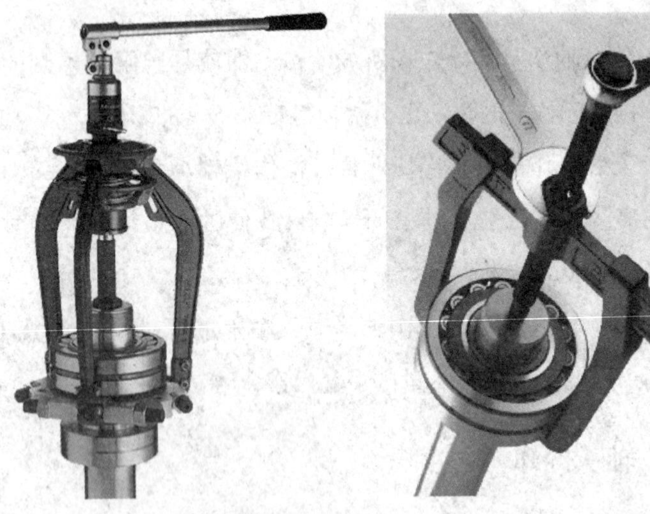

图 3–14　轴承拆卸

模块 3　有绕组定子铁芯与机壳的装配

中小型电动机常用的外壳有铸铁和铝壳两种，一般铸铁壳电动机的有绕组定子铁芯与机壳的装配采用冷压法，而铝壳电动机多采用热套法。

一、铸铁壳电动机有绕组定子铁芯的压装

1. 工具及材料

合适规格的液压机（压床）、压装工装、清理过的有绕组定子铁芯、铸铁机壳等。定子压圈及液压机如图 3–15 所示。

图 3-15　定子压圈及液压机

2. 准备工作

液压机要先开机预热，检查压力是否达到设定值，等待压力达到时方可开始工作，备齐上述材料及工装。

3. 具体操作

以下讲述的是立式压装工艺。

（1）定子铁芯及工装放置。机壳（铸铁壳）有出线孔的一端朝下放在液压机旁的工作台上，将有绕组定子出线端朝下（出线端方向要和机壳出线孔方向一致），将引出线整理到铁芯内，用双手将定子铁芯校正，尽量使铁芯处于竖直位置，铁芯端面和机壳止口面尽量保持平行，如图 3-16 所示。铁芯上面套上压装工装，将机壳（含定子铁芯）推进工作台，尽量使其处于工作台的中心位置。

（2）压装。操作液压机的开关使之处于下压位置，此时液压机的上台面慢慢地向下压，当上工作台面压到定位工装时，需观看

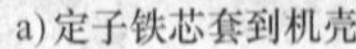

a）定子铁芯套到机壳

b）套上定子铁芯压圈

图 3-16　压装前的定子铁芯及机壳

工作台面与定位工装上面是否平行，若平行，此时继续往下压（见图 3-17）。当上工作台面压到定位工装时，若发现台面与工装上面不平行时，说明铁芯不垂直，此时应点动下行开关，慢慢下压，使定子逐步校直后再继续压到位。在压装较大及较长铁芯时，压到一半时稍微停顿后再继续往下压，以减轻对机壳的压力，防止机壳因为压力过大而破裂。在定位工装限位面与机壳止口面距离大约剩余 5 mm 时，放慢下压速度，采用点压的方式（就是快速轻压一下停下来，必要时往复几次），直至工装限位面和机壳止口面重合在一起。操作液压机的开关使之处于上行位置，回升上工作台，将压装后的定子推出液压机工作台，查看机壳有没有破裂的痕迹。

第一台定子压装后，需测量铁芯到机壳端面的距离，以确认压装工装的定位是否正确。

（3）穿引出线。取下压装工装，将绕组引出线穿过机壳的出线孔，必须按照原来定子线左右的顺序拉到机壳的出线端方向，不可以穿错顺序，避免交叉。压装后的定子铁芯及机壳如图 3–18 所示。

图 3–17　定子压装

图 3–18　压装后的定子铁芯及机壳

4. 注意事项

（1）液压机的操作需严格按操作规程进行，在运行时绝对不允许将头或者身体其他部位伸到液压机的工作台里面。需要调整工件时，需停止下压再调整。

（2）操作过程要注意液压机的声音，一旦设备声音不正常（有异响或声音比较大），需立即停止，并请专业维修人员检查设备状况。

二、铝壳电动机有绕组定子铁芯的热套

1. 工具及材料

工具及材料有感应加热机、清理过的带绕组定子铁芯、机壳

(铝壳)、垫块、架子、热套铝锤、隔热手套等。部分热套工具如图 3-19 所示。

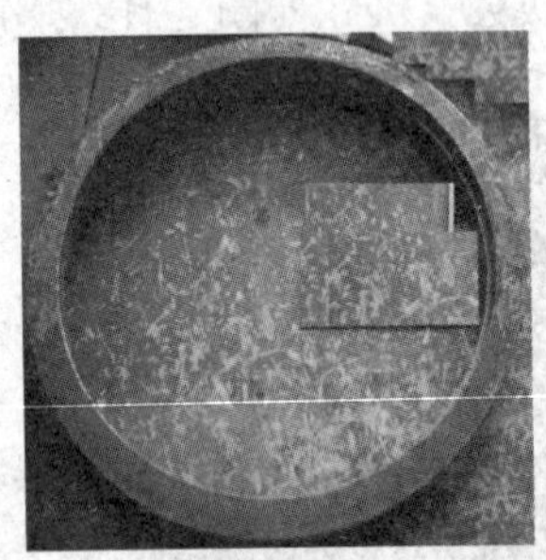
a)热套垫块

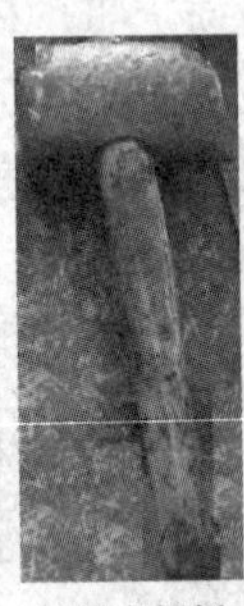
b)热套铝锤

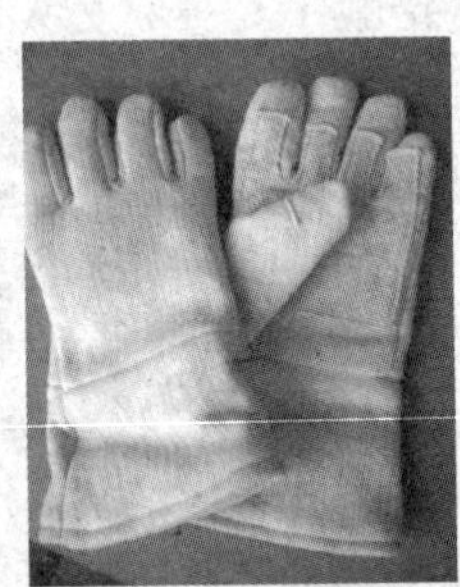
c)隔热手套

图 3-19　部分热套工具

2. 准备工作

按照感应加热机的操作规程，预先调整好加热机需要加热的时间。备齐上述工具、材料及相应的工装。

3. 热套操作过程

(1) 铝壳加热。将铝壳套入感应加热机的加热芯棒内，如图 3-20 所示，预先设定好加热时间，按下加热按钮进行加热。

图 3-20　铝壳加热

（2）摆放工装及定子铁芯。将定位工装放在操作台上，然后将有绕组定子铁芯置于定位工装上面，调整铁芯位置，使其与工装尽量同心，查看工装与铁芯接触处的外圆不超出铁芯外径，有绕组定子的引出线端朝上，引出线往铁芯内调整，不得超出铁芯外圆。

（3）热套。将上述加热到预定时间的铝壳用双手（双手记得要戴好隔热手套）或专用夹具取出来，铝壳出线孔方向以及位置要和定子的出线端方向一致，快速套在定子铁芯上（机壳壁比较薄，收缩得比较快，慢了容易因铝壳收缩而卡在定子铁芯上），并用力往下压，直至将机壳下端面压到定位工装面为止，如果发现机壳和定子铁芯不能顺利套入，应迅速用准备好的木块压在机壳上面，用铁锤敲打，直至敲到定位工装位置为止。如较多出现不能顺利套入的情况，应适当调整机壳的加热时间或加热温度。表3-1为某品牌感应加热器的加热时间、膨胀量参考值，实际操作可根据热套时的松紧情况调整加热温度及加热时间。表3-1中的温升最高限制根据电机定子绕组的不同绝缘等级而定，但最高一般不要超过180 ℃。热套后的定子如图3-21所示。

表3-1　电机铝壳膨胀量及加热时间

电机壳型号	内径（mm）	温升180 ℃膨胀量（mm）	时间（s）	电机壳型号	内径（mm）	温升180 ℃膨胀量（mm）	时间（s）
63B5	97（90）	0.3	18	112B3	175（173）	0.55	30
71B5	110	0.35	22	132B3	210（200）	0.65	38
80B3	120	0.39	25				
90B3	130（135）	0.43	28				
100B3	155（152）	0.49	30				

(4) 取出工装。套好后将机壳连同定位工装往旁边推动，待机壳冷却一段时间，确认定子铁芯与铝壳不松动后，轻轻放平定子，取出定位工装（垫圈），并将定子（带铝壳）平放于桌面上。还没有充分冷却时定子铝壳不要竖立或随意搬动，以免发生定子铁芯在机壳内相对移动，造成压装位置不准确，因此，需待定子铝壳充分冷却后再搬动。

图 3-21　热套后的定子

4. 注意事项

(1) 铝壳加热时间。铝壳加热温度和时间是根据铝壳的大小、配合松紧程度而定的。一般是由企业的工艺部门制定，操作应按规定实施。如操作过程出现较多无法顺利套进的情况，应及时向车间主管及相关工艺负责部门反馈，检查实际情况，如确实需调整加热参数的，由工艺部门修改后实施。

(2) 安全。由于铝壳加热后温度较高，在操作过程要采取安全防护措施，一方面要戴隔热手套；另一方面要避免其他人或身体的其他部位接触到铝壳，以免被烫伤。

(3) 敲打力度。如套入一部分，但没办法套到位需要敲入时，要注意敲打的力度，不能用力过猛而造成机壳破裂，同时要保护好铝壳的配合止口部位，以免影响装配。

(4) 注意区分长短外壳。一般电动机的机壳分 S 壳（短壳）、M 壳（中壳）及 L 壳（长壳）等，进行冷压或者热套操作时要仔细看生产任务单，每种机壳对应相应长度的带绕组定子铁芯，不可压错。

压（热套）好的带绕组定子铁芯和机壳合称为定子。第一个压（热套）好以后，要进行尺寸的测量，检验是否符合工艺要求。

知识拓展

定子自动热套设备

随着人工智能设备的普及，定子自动热套设备也已经广泛应用。根据自动化程度分为全自动化热套生产线及半自动热套设备。自动热套设备主要将定子和机壳送到指定的热套及加热工位，机壳加热后，通过机械手套入到定子上，然后卸下热套后的带铁芯定子。自动热套设备如将送料、卸料通过搬运机器人来完成，即可实现整个过程的全自动化。自动热套设备具有装配过程稳定、可靠，生产效率高等优点。如图 3-22 所示为一款自动热套设备模型图。

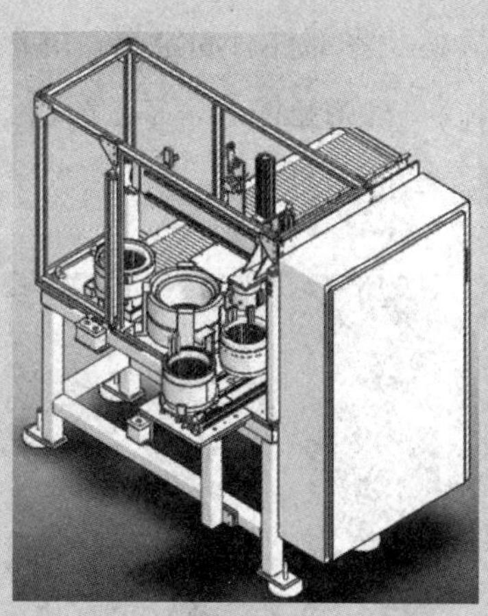

图 3-22　自动热套设备模型图

模块 4　整机装配

整机装配是指经过这道装配工序后形成一台基本完整的电动机。其中所用的零部件已经过加工或部件装配，如已经将定子铁芯压入机壳内，即已完成定子铁芯压装，转子已经装上轴承，即已完成转子装配。

一、工具及材料

装配常用工具有橡胶锤（或铝锤、木锤）、螺钉旋具（有手动、气动和电动等类型）、扳手、剪刀等，部分常用装配工具如图 3-23 所示。常用的装配材料及零部件有固定端盖的螺栓及螺母、固定轴承盖的螺钉（或螺栓）、波形垫圈、定子、前端盖、后端盖及轴承内外盖、转子等，如图 3-24 所示。

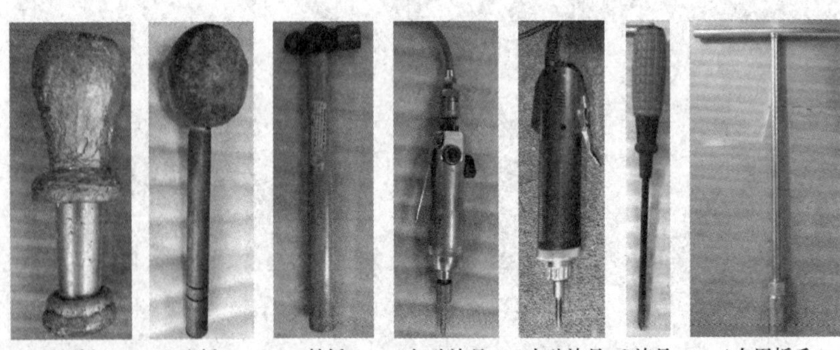

a)铝锤　b)木锤　c)铁锤　d)气动旋具　e)电动旋具　f)旋具　g)专用扳手

图 3-23　部分常用装配工具

图 3-24　常用装配材料及零部件

二、装配前期准备工作

1. 零部件清洁除尘

将待装配的零部件进行必要的除尘及清洁处理，定子、端盖如有灰尘或杂物，需用高压气将其吹干净，免得将灰尘、纸屑遗留在机壳或端盖内。

2. 轴承室上油

在装配前，用毛刷蘸少许润滑油沿着端盖轴承室内壁均匀地刷一遍，尽量保证轴承室圆周都刷到。

3. 装配场所准备

铝壳和铸铁壳电动机的装配方法及工艺相同，机座号在 H132 以下的电动机一般在流水线上进行装配，较大（如机座号在 H160 以上）的电动机，各种配件和材料比较重，一般需在装配线（或装配架子）上配行车或其他吊具，装配前需检查吊具的运行是否正常。

4. 定子检查

用手沿着铁芯内圆触摸一遍，看看有没有槽纸、竹签等异物高出铁芯内径，是否有较大的漆瘤，如有，则用专用工具将异物去除。查看定子机壳两端的止口是否有较严重的磕碰损伤，如有，需用锉刀修平。

5. 转子检查

在装配转子前应观察是否有杂物黏附在铁芯表面、端环等部位，端环平衡垫片是否牢固，扇叶是否因磕碰而严重变形等，如有应修复或更换。这些工序在之前已完成，此处只是为了保证电动机的装配能够一次成功，减少返工返修率，再次对电动机零部件进行检查、清理及确认。零部件装配位置关系如图 3-25 所示。

图 3-25　零部件装配位置关系图

三、装配操作过程

1. 装前端盖

将定子摆放在装配线上，依据流水线的长短确定摆放台数，将刷好润滑油的前端盖用手压在机壳上，压的时候前端盖和机壳的螺孔要对准，使螺栓能够很顺利地穿过，如图 3-26 所示，然后用锤子轻轻敲端盖面，使端盖止口面和机壳止口面配合到位，将准备好的螺栓（不同电动机的螺栓大小、长度都不一样，螺栓先装入弹簧垫片）穿过端盖，紧固到机壳上。

图 3-26　装前端盖

铝壳电动机的机壳大多数采用螺母固定，需在锁紧前放入螺母，如图 3-27 所示。用扳手先稍微紧固螺栓，第一个螺栓不能一下子就拧紧，第二个螺栓也按照第一个方法锁好后（第二个螺栓和第一个螺栓一定要在相对的位置上，以防止端盖单边翘起来），用锤子（最好采用套筒垫在端盖中间）轻轻敲打，使端盖与机壳的止口配合面充分接触，然后将第一个螺栓拧紧，接着再将第二个螺栓拧紧，最后将剩下的两个螺栓依次拧紧。如果是三个孔的盖，将第一个螺栓先稍微紧固住，然后依顺时针方向将第二个和第三个螺栓拧好，再将第一个螺栓紧固好即可。

图 3-27　前端盖螺栓、螺母固定

为了提高生产效率，规模化的工厂一般都采用流水线作业，同一批次上流水线生产的都是同规格型号的电机，在装配好前端盖之后，将定子掉转方向，如图 3-28 所示，以便下道工序的操作。将与轴承型号匹配的波形垫圈装入前端盖轴承室，如图 3-29 所示，等待进行转子的装配。

部分铝型材或钢板机壳电动机采用长螺栓，即螺栓从端盖一端穿过机壳，锁到另一端盖的螺孔（或螺母），这种结构的端盖只需压到位，待后端盖装上后一起锁紧。

图 3-28　前端盖装好后定子调转方向

图 3-29　波形垫圈装入前端盖

2. 装转子

接上道工序，将转子沿轴伸方向插入定子中间，轴伸端要穿过前端盖的轴孔，用手抓住转子尾端，左右轻微摇晃，使转子的前轴承套到前端盖的轴承室内，保持转子和定子铁芯周边的间隙尽可能均匀，不能太偏向一边。用铝锤轻敲后轴伸端面（或在后轴伸上套上轴套，用铁锤敲打轴套），将前轴承及转子慢慢地敲入前轴承室，继续敲的时候注意力度，当转子停止进入或有一定的反弹时，说明轴承到位并压到波形垫圈，转子已经到位，这时停止敲打，转动转子（使转子处于中间），确保能自由旋转。然后观察转子铁芯端面和定子铁芯端面是否对齐，如图 3-30 所示，如果有错位现象，应该查看是否有转子装配不到位或出现拿错转子等情况。定子、转子铁芯端面的偏差一般控制在 1~2 mm。

3. 装后端盖

接上道工序，将后端盖装入转轴后端，用手将后端盖向内推，当后端盖的轴承室接触到转子轴承时，用手扶住后端盖，用铝锤或

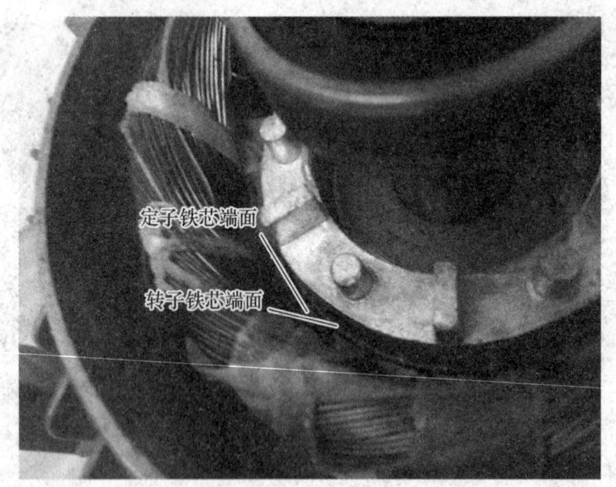

图 3-30　定、转子铁芯端面对齐

橡胶锤轻敲后端盖，沿顺时针方向旋转后端盖，转大约 120°位置轮番敲打，如图 3-31 所示，敲打的力度要适当，太用力容易损坏轴承，力度宜由轻到重，用力较轻难以进入或进入非常缓慢，这时应逐步加力，根据实际情况调整敲打力度。敲打到后端盖的止口快接触到机壳止口的时候，停下来调整好后端盖和机壳螺孔的位置，后端盖的螺孔要和机壳的螺孔位置对准，使螺栓能够很顺利穿过，此时也可以插上螺栓拧上几圈，如图 3-32 所示，再比较用力地敲后端盖，使后端盖止口面和机壳止口面紧密地配合在一起。

后端盖的安装也可以按如图 3-33 所示的方法，用套筒顶到端盖的端面，再用铝锤敲打套筒，使端盖慢慢进入，直至后端盖止口快接触到机壳止口，按照紧固前端盖的方法将后端盖的螺栓拧好，前、后端盖装好后，转动转子，用铝锤轻敲两端的端盖面，再轻敲后轴伸端，一边敲一边转动转子，这时转子在外力的作用下，机械装配

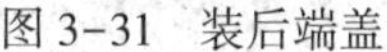

图 3-31　装后端盖

图 3-32　拧后端盖螺栓

各止口配合面、轴承肩配合以及轴承和前后端盖、轴承波形垫片之间的配合会更加的准确、到位。此时转子应该能正常且均匀顺畅地转动，如果有干涩、卡住或异响等现象应该返工、返修，查找原因并处理。

图 3-33　用套筒顶住后端盖敲打

对于较大机座号的电动机，转子插入定子时，一般要借助专用吊具及行车，此时要注意转子的吊起高度，插入前一定要对准，使转子尽可能地处于定子的中间，确保转子插入时能顺畅，并不能磕碰定子绕组端部。在装配前、后端盖时，方法如上述，但需要适当提起轴伸，以便合上端盖止口。

此外，较大机座号电动机一般配有轴承内盖及外盖，轴承内盖在转子装配时先套在轴承内侧，轴承外盖在装好前、后端盖后再装上。其装配方法：将轴承外盖套在轴伸上并靠近端盖，对准螺孔，轻敲轴承外盖边沿，合上止口，将轴承盖固定螺栓穿过轴承外盖及端盖的螺孔，找准轴承内盖的螺孔，如内盖的螺孔对不准，可适当转动电动机的转子，调整内盖位置，直至对准，然后再穿其余的轴承盖螺栓都旋上，最后用套筒扳手按对称位置，逐步拧紧。

还有部分较大机座号的电动机采用的轴承是内外圈分离型轴承，如滚柱轴承、推力轴承等，当转子装配时先压装轴承内圈，而轴承外圈需先压到端盖的轴承室，再合上端盖，注意保持轴承内外圈的相对位置符合要求。

较大型电动机的装配，通常采用较先进的专用设备，装配过程有所区别，但总体大同小异，这里不再赘述。

4. 装密封圈（如有）

防护等级为 IP54 或者 IP55 的电动机，在装好前后端盖后，还需装上密封圈。密封圈一般有两大类，一类是带骨架橡胶密封圈，采用套筒顶住密封圈的一侧，慢慢敲入；另一类是橡胶圈，可以直接用手撑开推入。装配密封圈要注意其方向，以免装错。图 3-34 所示为电机常用密封圈，带密封圈槽的电机端盖如图 3-35 所示。

图 3-34 电机常用密封圈

图 3-35 带密封圈槽的电机端盖

5. 装风扇及风扇罩

风扇及风扇罩的装配一般在电机出厂试验合格，外表喷漆后进行。

（1）装风扇。电动机的风扇材料通常有塑料和压铸铝两种，其区别在于塑料风扇一般在内孔有带凸起的半键，而压铸铝风扇一般是加工键槽，装配时需配平键。风扇一般装于电动机后轴端，装配过程：将待装风扇的电动机摆好，风扇孔对准轴，并调整风扇键位置，使之与轴键槽处于相同的角度，用手推上，如图 3-36 所示，再用装配用铝锤或铁芯橡皮（或塑料）锤轻敲风扇后端，将风扇慢慢敲入，待轴的尾端将要露出时，需用专用套筒工装将风扇装到位，如图 3-37 所示。风扇的后端一般要加一个轴用卡圈，需用专用卡圈钳将其扣上。

装配时注意敲打力度，不能用力过猛，否则容易将风扇敲裂；另外，轴用卡圈一定要卡到位，否则电动机在高速转动过程可能会将卡圈甩出，导致产生严重的事故。装配时要确认风扇的规格，同一机座号的不同极数的电动机所用的风扇有可能不相同，一般 2 极电动机的风扇比较小，而 4、6 极电动机的风扇比较大，注意按型号区分。

图 3-36　套上风扇

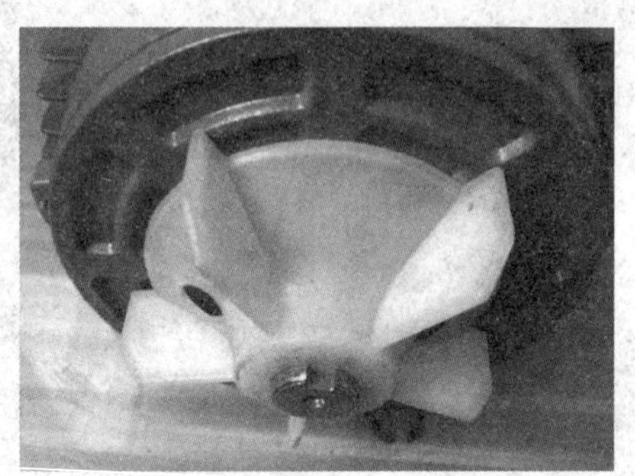
图 3-37　风扇装到位

（2）装风扇罩。电动机的风扇罩装在风扇外。装配过程：将风扇罩套到电动机的后端盖外，调整圆周及前后方向，使风扇罩固定孔对准端盖的螺孔，如图 3-38 所示，先将顶部的螺钉（一般使用带垫片的专用螺钉）拧上几圈，再将其余螺孔的螺钉都套上后，再逐个拧紧，如图 3-39 所示。

图 3-38　套风扇罩

图 3-39　拧紧风扇罩螺钉

（3）检查。风扇和风扇罩装配后，用手转动电动机轴伸，看风扇是否刮碰端盖或风扇罩，如有前述情况，需拆开查看，找到原因并返修。

四、装配操作注意事项

（1）前后端盖拧固定螺栓时，应该根据螺栓的大小来确定气动（或电动）扳手（或螺钉旋具）的拧紧力矩，气动（或电动）扳手（或螺钉旋具）上都有调节开关，可根据螺栓大小来调整力矩，以防止因力矩太大而拧坏螺纹，或因力矩太小而拧不紧。

（2）装转子时，要观察波形垫片有没有平整地放置于轴承室内，如倾斜，要先调整到位。装配后，如果转子不能正常并且匀顺地转动，说明轴承或装配尺寸出现了问题，必须转入返工区进行返修。

（3）电机有防护等级之分，装配前后端盖时要注意，不能拿错，生产任务单如果注明防护等级为 IP54 或 IP55，前后端盖有安装密封圈的位置，IP44 防护等级的端盖没有密封圈位置，电动机前后盖的外观和尺寸基本一致，不同的地方是后端盖上有 3 个或者 4 个搭子上钻有固定风扇罩的螺孔，不要装错。

（4）防护等级为 IP54 或 IP55 的电机，其端盖与机壳止口需要密封处理，一般采用密封胶，装配时需在止口上均匀涂上密封胶，再套上端盖。还有部分电动机采用橡胶密封圈，装配时在止口槽内套上密封圈后再合上端盖。

（5）非全封闭的轴承在装配前需加注润滑脂，注意润滑脂要涂到轴承的内外圈之间的滚珠间隙内，不要加太多。还需注意不要让润滑脂进入转子端环、定子绕组端部等部位。

五、返工返修

电动机装配之后，转动不均匀的，有刮擦、异响的以及铁芯有错位的，均需返工返修。返工的操作顺序与装配顺序相反，即先拆后端盖，拔出转子，检查判断原因，进行必要的零部件更换或返修处理后再重新装配。

模块 5　接线盒装配

电动机的接线盒通常也称为出线盒，是电动机的一部分，内部装接线板，用于固定电动机的引接线，同时也用于外接电源线的固定及连接。接线盒装配是整机装配的后续工序，也可以安排于定子铁芯压装后进行，主要是固定接线板、接线、安装接线盒座及接线盒盖等。

一、工具、材料及装配前的准备

1. 主要工具

主要工具有端子冷压设备（有手动、气动冷压钳和全自动端子机等，见图 3-40），气动（或手动）螺钉旋具及剪刀等。

2. 材料

电动机或定子（带绕组铁芯已压入机壳，未装前后端盖）、接线盒（座和盖）、接线板、接线端子、接线标志（有普通型和热缩型）、螺钉、弹簧垫片、接地螺栓、接地标识牌、垫片、套管、热缩套管、

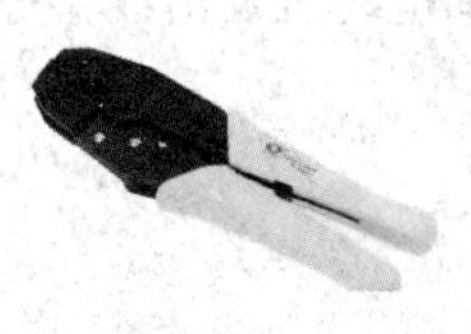
a) 手动冷压钳

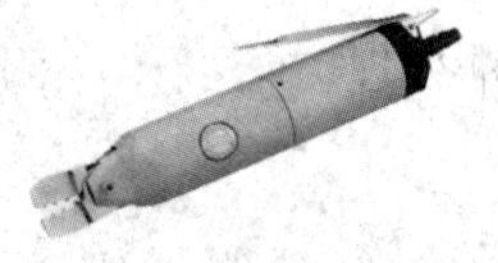
b) 气动冷压钳

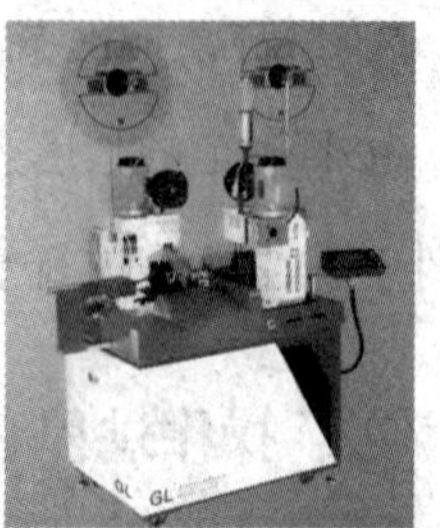
c) 全自动端子机

图 3-40　端子冷压设备

橡胶密封垫等。图 3-41 所示为常用电动机接线盒，图 3-42 所示为橡胶密封垫，图 3-43 所示为电动机接线板，图 3-44 所示为接地标识牌。

a) 钢板接线盒（正）

b) 钢板接线盒（斜）

c) 铝壳接线盒

图 3-41　常用电动机接线盒

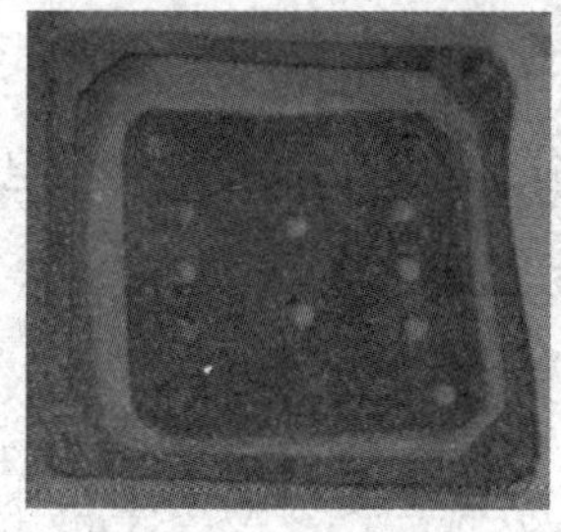
图 3-42　橡胶密封垫

图 3-43　电动机接线板

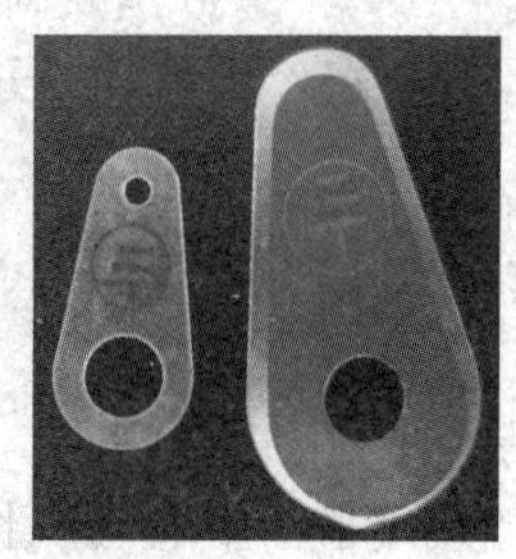
图 3-44　接地标识牌

3. 装配前期准备

按照规定的长度预先裁剪好热缩套管，如电动机及出线盒等零部件有灰尘，需进行清洁处理。

二、操作过程

1. 压接线端子

将橡胶密封垫装到机壳出线盒安装面上，把电动机的引出线拉出，并按照规定出线顺序排列，此时需检查电动机的标识是否有，丢失的需补齐。对于较小功率的电动机，引出线一般采用不同颜色的绝缘导线，头尾的区分根据不同的企业有不同的规定，正常规定U相为黄色、V相为绿色、W相为红色。采用色线的电动机一般没有套接线标识，这时每根引出线尾端应套上相应的标识，首端和末端分别为U1、V1、W1、U2、V2、W2。三相电动机一般采用O形（也有用U形）接线端子，如图3-45所示，接线端子大小按照电动机型号规格的规定选择。一般使用专用冷压钳压接线端子，较小功率用手动或气动冷压钳，部分企业的接线端子在整线前已经在自动端子机上压好，将引出线裸露的线缆套入接线端子，把端子的尾端放入冷压钳，压动开关，将端子尾端钳入电线，如图3-46所示，端子就会牢牢地和引出线的铜丝紧固在一起，将所有的引出线压好，将裁剪好的热缩套管（必要时）套入接线端子，用电吹风将热缩套管加热收缩，套在接线端子上，压好接线端子的引出线如图3-47所示。如果有压变形或者断裂的接线端子，要进行返工。

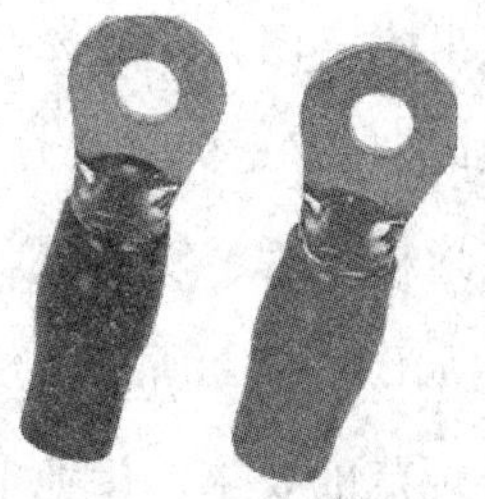

图 3-45　接线端子

图 3-46　压接线端子

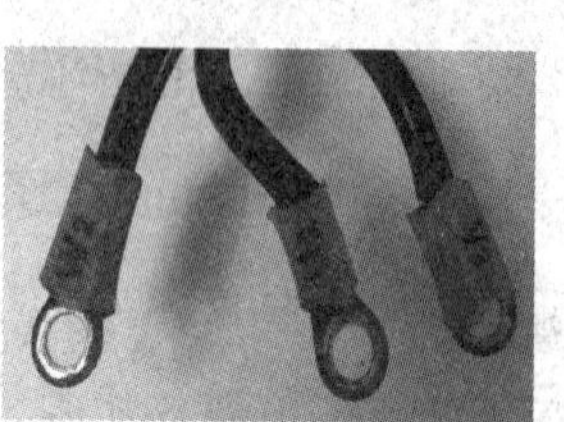

图 3-47　压好接线端子的引出线

2. 安装接线盒座及接地螺栓

（1）安装接线盒座。接线盒座下面的开孔较小（接线板装好后套不下去）的，必须在装出线板之前安装，如开口大的（如铝出线盒），则可以先安装接线端子并接线后再装接线盒，这样接线比较方便。穿出引出线，注意出线方向，一般由电动机轴伸方向看 U1、V1、W1 在右侧，U2、V2、W2 在左侧，如图 3-48 所示。套上接线座的橡胶密封垫，如图 3-49 所示，调整好位置，用螺钉将接线座固定到机壳的螺孔，如图 3-50 所示。注意橡胶垫的边沿尽可能与接线座边沿对齐。

图 3-48　穿引出线图

图 3-49　套上接线座的橡胶密封垫

图 3-50　安装接线座

(2) 接地螺栓。电动机接地螺栓均固定在出线盒内，如已经有压制成型接地标识的，如图 3-51 所示，直接加平垫片、弹簧垫片，拧紧接地螺栓即可；如没有则需按要求采用接地标识牌，铆接固定后，再加平垫片、弹簧垫片，拧紧接地螺栓，如图 3-52 所示。注意，接地标识牌及其固定一定要符合接地安全规范的要求，接地电阻值需符合相应产品的安全规范要求。

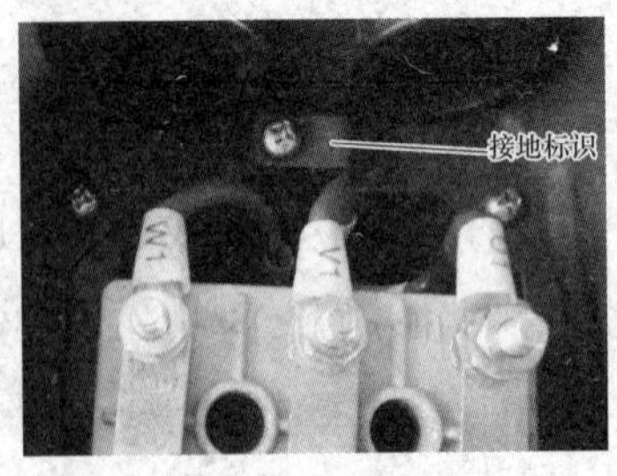

图 3-51　接地标识（压制成型）

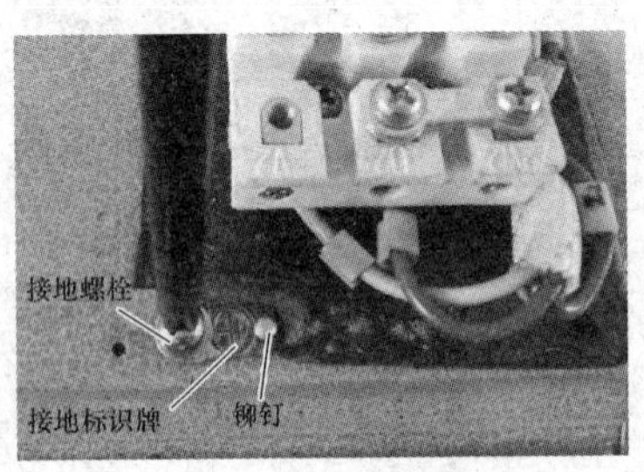

图 3-52　接地标识牌（铆接式）

3. 安装接线板

将接线板安放在电动机出线盒座内，将接线板上标志 U1、V1、W1 一侧放置于出线盒的出线孔侧。用螺钉将接线板固定到机壳上，如图 3-53 所示。

4. 接线

将已压好端子的引出线分别套到接线板相对应的接线柱上，加平垫片、弹簧垫片及螺母，如图 3-54 所示，再用套筒扳手拧紧。

5. 装连接片

在实际生产中，本工序可安排在电动机出厂试验合格后进行。连接片需按电动机规定的接法连接，三相异步电动机有星形（Y）和

图 3-53　安装接线板

图 3-54　接线

三角形（△）两种连接方式，接线方法如图 3-55 所示。一般功率小于或等于 3 kW 的三相异步电动机采用 Y 接，而功率大于等于 4 kW 的采用△接，特殊电压或有特殊规定的电动机按要求接线，但需配特殊的接线图。

操作：分别将连接片套在所要连接的两个接线柱上，加平垫片、弹簧垫片，套上螺母，用专用套筒拧紧，如图 3-56 所示。

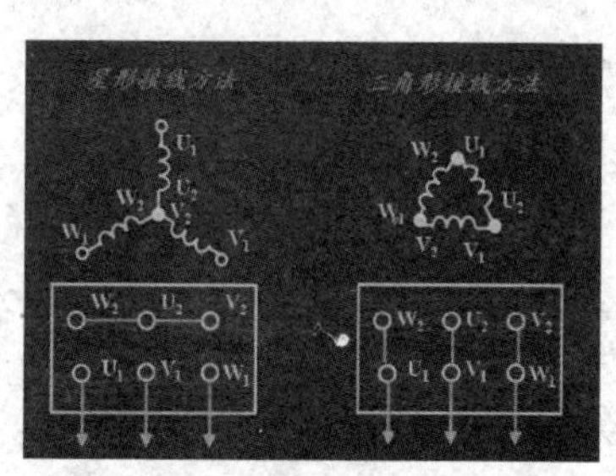

图 3-55　接线方法

图 3-56　锁紧连接片

6. 安装接线盒盖

在实际生产中，本工序也安排在电机出厂试验合格后进行。将出线盒盖套到出线座上，注意边沿对齐，用螺钉固定，如图 3-57 所示。对于不同防护等级的电动机，出线盒的防护要求也有所不同，一般防护等级在 IP54 及以上的电动机，出线螺孔需带可旋紧的螺套，装配时要在接线盒的橡胶密封垫上涂密封胶，同时还要求出线盒的盖与座之间加橡胶密封垫（见图 3-58）并涂密封胶。涂密封胶时要注意配合面都均匀涂到，同时注意不要涂太多，以免流出。少量流出的密封胶要及时清理干净。

图 3-57　固定出线盒盖

图 3-58　接线盒盖（带橡胶密封垫）

三、操作注意事项

（1）钳压接线端子时要注意区分接线端子的型号，不能用错，接线端子与引出线的压接要确保充分接触、牢固可靠。

（2）用自动端子机压线的电动机，其引出线在定子浸漆时应挂起来，不能浸入绝缘漆，否则会造成端子接触不良。

（3）采用色线的，其引出线颜色应严格按规定顺序排列清楚、整齐，套出线标识应确保正确，千万不能装错，否则容易造成接错线，致使通电时电动机不能正常运行，甚至烧毁。

四、返工返修

如果电动机在通电运转时转向相反或运转不正常，需检查引出线的顺序、标识或接线方法是否错误，如需拆接线盒时，操作顺序与安装相反，拆下检查，找到出错点后，进行返工返修。出厂检验不合格的电动机，根据其故障原因需要拆机返工的，也要按上述操作方法返工返修。

模块 6　单相电动机离心开关及电容器安装

单相电动机的结构与三相电动机基本相同，装配方法也大同小异，主要的区别在于大部分单相电动机有电容器和离心开关，为此本模块重点介绍单相电动机离心开关、电容器安装及接线。

一、单相电动机的种类

单相电动机就是直接使用单相电源的电动机，包括：①分相起动电动机（含电阻分相式电动机，如 YU 系列，电容分相式电动机，如 YC 系列）；②电容运转式电动机（如 YY 系列）；③电容起动运转式电动机（如 YL 系列）；④罩极式电动机（如鼓风机电动机）。

1. 分相起动电动机

分相起动电动机在起动时副绕组中接入电容器的称为电容分相电动机。若起动时副绕组为电阻或接入特殊设计的高阻副绕组的称为电阻分相式电动机。分相起动电动机的特点是只在起动过程接入副绕组，运行时即断开副绕组，由主绕组独立工作。副绕组的断开或接入由离心开关控制。起动过程串入的电容器即为起动电容器，该电动机有起动电容、离心开关，没有运转电容。

2. 电容运转式电动机

电容运转式电动机的特点是：只有运转电容，没有离心开关及起动电容。不管起动过程还是运行过程，主、副绕组都参加工作，因此同机座、同长度的电动机电容运转式比电容分相式高一至二个功率等级。但由于运转电容值一般都比较小，所以电容运转式电动机的起动转矩比较小，适用于轻载或空载起动的场合。

3. 电容起动运转式电动机

电容起动运转式单相电动机也就是双值电容单相电动机，如YL、ML系列单相异步电动机。由于比电容运转式电动机多了一个起动电容，克服了电容运转电动机起动转矩较小的缺点，具有电容分相起动电动机起动转矩较大的优点，同时还比电容分相式电动机多了一个运转电容，所以功率也提高了一至二个等级。该电动机有起动电容、离心开关，同时还有运转电容。

4. 罩极式电动机概述

罩极式电动机是单相交流电动机中的一种。一般的单相交流电动机，除了主绕组，还附加了一相副绕组，副绕组所产生的磁场与主绕组的磁场存在一定的相位差，两者相互作用后就形成了一个圆形或椭圆形旋转磁场，从而产生启动力矩带动电动机旋转。而罩极式电动机的副绕组采用罩极环（又叫短路环或铜环），它通过罩住一小部分主磁极磁场，从而产生另一个与主磁场有相位差的罩极磁场；

与主磁极磁场相互作用后就形成了一个椭圆形旋转磁场。罩极式单相电动机没有副绕组线圈，也没有离心开关和电容，其结构简单，但其缺点是效率低、转差率大。

二、离心开关概述、安装及调整

1. 离心开关概述

离心开关的作用是保证电动机起动正常时切断副绕组回路电源，按工作原理可分为电子离心开关和机械式离心开关两种。电子离心开关如图 3-59 所示，它根据电动机起动过程转速与电动机的电流、电压及相位等参数的变化，当电动机达到一定转速时通过电子元件断开副绕组回路，在小功率单相电动机中应用居多。早期电容起动的单相电动机，基本上是采用机械式离心开关，如图 3-60 所示。机械式离心开关的工作原理是当电动机起动后，达到一定转速时，装在转子上的离心开关的离心锤在离心力的作用下向外甩开，推动挡板，进而推动底板上（安装于端盖）的弹片，使触点脱离，从而断开电容器的连接，切断起动电容及起动绕组。

图 3-59　电子离心开关

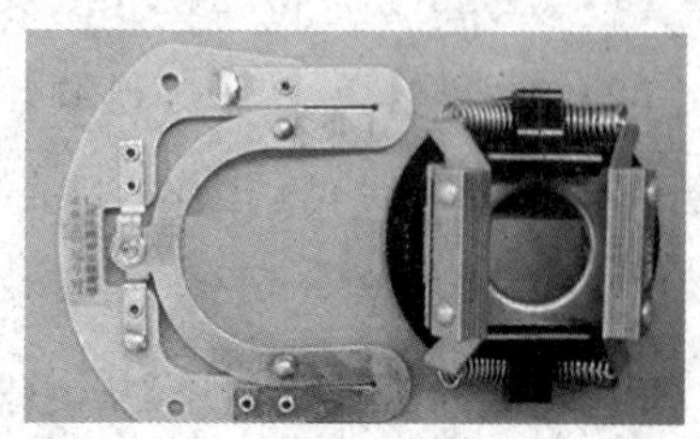
图 3-60　机械式离心开关

离心开关在电动机起动转速达到 70%~85%同步转速时就要断开，

该转速称离心开关的断开转速。若离心开关提前打开（也就是离心开关的断开转速太低），离心开关断开点转矩很小，也就是电动机的起动转矩小，可能造成电动机转速难以达到稳定运行点，使电动机一直处于起动状态。由于起动电流很大（一般为额定电流的5~6倍），所以易造成电动机发热烧毁或离心开关触点烧毁，甚至电容器爆炸。若离心开关断开时转速太高，一般会出现两种现象：一种是起动正常，但起动时间偏长，电动机起动过程发热严重，特别是频繁起动的电动机更是如此；另一种是造成离心开关根本无法断开，这种情况影响更为严重，容易导致副绕组烧毁、电容器爆炸、离心开关触点烧毁。

2. 机械式离心开关的安装

根据电动机的不同结构，离心开关有装在电动机端盖内的，通常称为内置式离心开关，也有装在电动机端盖外的，通常称为外置式离心开关。内置式离心开关的电动机，其优点是防护等级高，缺点是离心开关由于装在电动机内部，距离不好调整、维修或更换都比较麻烦。而外置式离心开关的电动机由于离心开关装在端盖外，防护级别相对低些，其优点是开关的距离调整方便，维护或更换也比较容易。

（1）主要工具。液压机（或铁锤）、压装工装、螺钉旋具等。

（2）主要材料。转子（已调好动平衡，但轴承未装）、端盖或已装配电动机（外置式）、离心开关（含底板）及固定螺栓等。

（3）安装过程

1）压装内置式离心开关离心器内圈及调整。内置式离心开关离心器内圈与轴的配合较紧，一般需采用压力机压入。具体操作：将离心开关的内圈套到转轴上，一般是套在前轴伸端，但特殊设计的也有在后轴伸端，注意查看，此时要认准方向，圆环端朝外，再套入压装工装，推到压力机下，按压下行程开关，用手扶好工装及转子，慢慢下行，直至压到位后控制压力机上行，压到转子上的离心开关的内圈如图3-61所示。查看离心开关内圈是否压到位，该位置直接影响离心开关的间隙，即离心开关的断开转速，因此压装时要特别注意。一般以压到轴肩为准，也可以由工装来限位，但都必须注意调整压力机的压力，不宜太大，否则会压坏轴肩，甚至容易压弯电动机轴。也有的电动机设计时内圈与轴配合不是很紧，用铁锤敲套筒工装就可以压到位。较松配合离心开关的内圈一般要采用顶紧螺钉加固（必须依据设计及工艺的要求），压到位后必须将顶紧螺钉拧到位。压好离心开关的转子放在工位器具架上，待后续压装轴承。

图3-61　离心开关的离心器安装

电动机装配后，内置式离心开关处于内部，无法直接测量间隙。只能通过测量离心器挡板到电动机轴肩的距离以及离心开关底板安装面到轴承室底面的距离来计算安装距离，该距离是否合适，要参照离心开关的参数推荐距离，同时还要通过测试电动机起动过程的断开转速是否符合要求进行验证。离心开关的距离与断开转速成正比，也就是距离越大，断开转速就越高，离心开关的距离必须在规定的范围内，否则将影响电动机的起动特性。如果经过验证，离心开关的距离不符合要求，就必须调整。方法一：拆开电动机前盖，调整内圈位置，如果太紧，要采用特殊工具，如距离太大，需往远离铁芯的方向移动；反之，往靠近铁芯侧移动，直至调整到合适位置后固定好内圈。方法二：调整端盖上的离心开关的底板位置，如距离太大，可拆下底板，在安装凸台面垫厚度合适的垫片（两个凸台面的高度要保持一致），再锁上底板；如距离太小，需将后盖凸台进行铣削（或车削）返工，降低凸台高度，如图 3-62 所示的 T 尺寸）。以上调整及返工，都比较麻烦，因此装配时一定要确认压装位置正确后再批量生产。

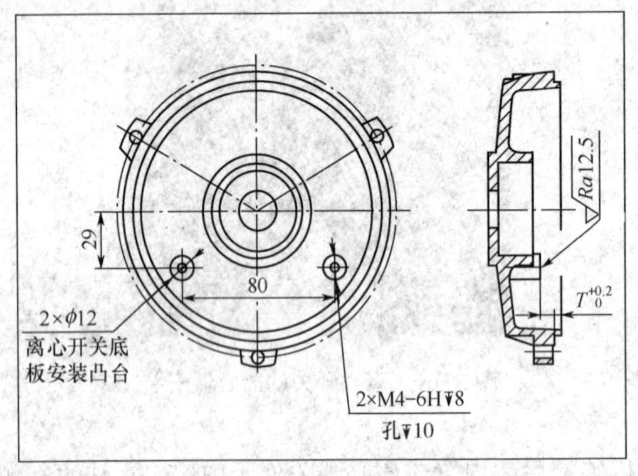

图 3-62　端盖离心开关安装凸台加工尺寸图

2）安装离心开关底板。离心开关的底板装在电动机端盖上，内置式离心开关的底板装在端盖内侧的两个凸台上，如图 3-63 所示，外置式离心开关的底板装在端盖外侧的两个凸台上。安装时对准两个安装孔，用两个螺钉固定到端盖凸台的螺孔上。内置式离心开关的底板引线在前端盖装配时从机壳的出线孔与电动机引出线一并引出，外置式离心开关的引线直接与电容器线一并引到出线盒。具体参照电机的接线图进行接线。

图 3-63　离心开关底板安装

3）装外置式离心开关的内圈及调整。外置式离心开关的离心器内圈安装是在电动机端盖装配后，并在离心开关底板装到后端盖上之后进行，装于电动机的后轴端。

安装过程：离心开关的离心器内圈套到电动机后轴端上，套上离心开关的专用压装套筒，用铁锤慢慢将其敲到规定的位置，用专用卡规检查间隙是否正确，如有偏差，需调整内圈的位置，如太大，可继续敲入些；如太小，需往外调整。确认正确后，用螺钉旋具顶紧内圈上的顶紧螺钉。其压入位置也可以由轴肩或工装限位，压入时直接敲到位。但每个压好的位置都必须检查核对。

4）离心开关的接线。离心开关的接线参照单相电动机的接线图进行，如图 3-64 所示，将离心开关的引线加垫片及弹簧垫片用螺钉分别固定到电动机的接线端子上，该步骤一般与电动机的电容器接线一起进行。

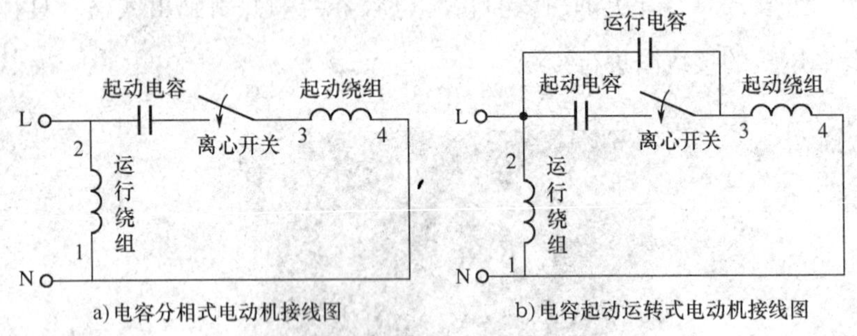

a) 电容分相式电动机接线图　　b) 电容起动运转式电动机接线图

图 3-64　单相电动机接线图

3. 电子式离心开关的安装及接线

电子式离心开关内部的电子元件一般都已塑封，外形与小型电容器相类似，只不过一般都有两个固定孔（小型运转电容一般是一个固定孔），其安装与小型运转电容器相似，直接将两个底脚孔固定到安装面即可。但其接线相对复杂，需对照接线图认真接，否则接错可能会烧坏电动机及离心开关。图 3-65 所示是一款电子离心开关的接线图，其共有 4 根引线，分别为黑、白、蓝、红 4 种颜色，该电子离心开关用于 YL 系列或 YC 系列电动机的接线按图 6-65 中所示的接法。此外，由于电动机起动性能参数不同，不同功率的单相电动机所用的电子离心开关一般不同，所以安装时应确认型号正确。

三、电容器的种类、安装及接线

1. 电容器的种类

电容器从物理学上讲，是一种静态电荷存储介质，它的用途较广，

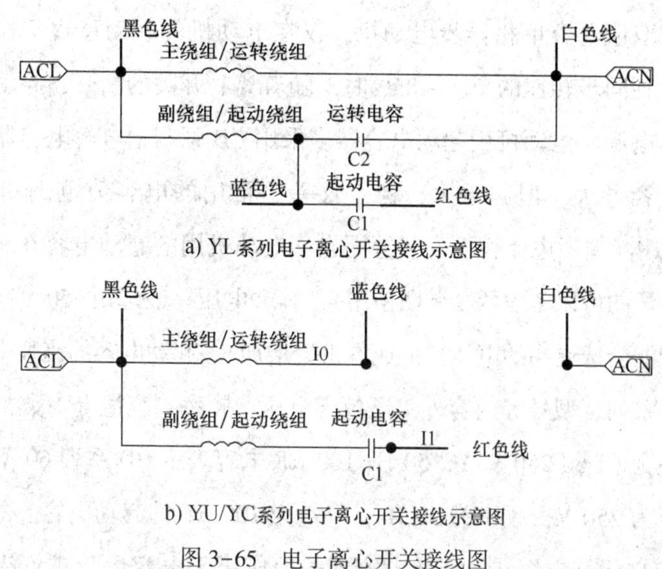

a) YL系列电子离心开关接线示意图

b) YU/YC系列电子离心开关接线示意图

图3-65　电子离心开关接线图

是电子、电力领域中不可缺少的电子元件。电容器的种类繁多，通常将用于电动机的电容统称为电机用电容器。电机用电容器根据其功能可分为起动电容和运转电容（也称运行电容）两大类，另外，根据其使用环境的要求还有防爆电容等，各类电机用电容如图3-66所示。

a)运转电容（方形）　b)运转电容（圆柱形）　c)起动电容

图3-66　电机用电容器种类

（1）起动电容器。起动电容器一般应用于电容起动单相异步电动机或双值电容单相异步电动机，仅在电动机的起动过程工作，电动机达到同步转速的70%~85%时，随着离心开关的断开，起动电容就脱离电源。电动机用起动电容器多采用CD系列铝电解电容器，其特点是容量大，但漏电大，稳定性差。常用的电容值范围为75~1 600 μF（但考虑体积、安装等因素，电动机用的起动电容在500 μF以上容量的可以考虑两个并联使用），其端电压一般选用250 V（特殊场合可能会选更高的电压，但成本也会增加）。起动电容的铭牌中除包含电容系列、型号等内容外，还包含电压、频率、容值等参数，如型号标注为CD60 250 V AC/50 Hz 100 μF电容表示CD系列60型，交流电压为250 V，频率为50 Hz，容量为100 μF的起动电容。

（2）运转电容器。运转电容器一般应用于电容运转式单相异步电动机或双值电容单相异步电动机，其在电动机的整个运行过程中都参与工作。单相交流异步电动机的运转电容器通常用CBB系列聚丙烯薄膜介质电容，其介质损耗小，但温度系数大。常用的电动机运转电容的标准电容值一般为1~75 μF，电容的端电压在300~500 V（多数选用450 V）之间。运转电容器端电压的选用一方面要考虑其工作时的运行端电压（一般比工作电压高），同时还要考虑使用寿命等因素。运转电容的型号标注与起动电容相似，如型号标注为CBB61 35 μF±5% 450 V AC 50/60 Hz的电容表示CBB系列61型，容量为35 μF，交流电压为450 V，频率为50 Hz或60 Hz的运转电容器。此外，运转电容器还标有工作环境温度、寿命等级等参数。

2. 电容器的安装

（1）主要工具：螺钉旋具或套筒扳手。

（2）主要材料：电容器及电容器套筒、电容器支架、螺钉、平垫片及弹簧垫片等，图 3-67 所示为电容器装配主要材料。

（3）安装过程：

1）带安装底脚的电容器的安装。带安装底脚的电容器一般都是较小容量的运转电容，如图 3-66a 所示。其安装过程：将电容器放置于安装位置，取合适规格（按装配图规定）的螺钉，穿上平垫片和弹簧垫片，将电容器安装底脚孔对准安装的螺孔，将螺钉穿过电容器安装底脚孔，找准螺孔位置，用手旋上几圈，再用螺钉旋具拧紧。注意：即将拧紧时需要确认并调整电容器，使其处于正确的位置，如图 3-68 所示。

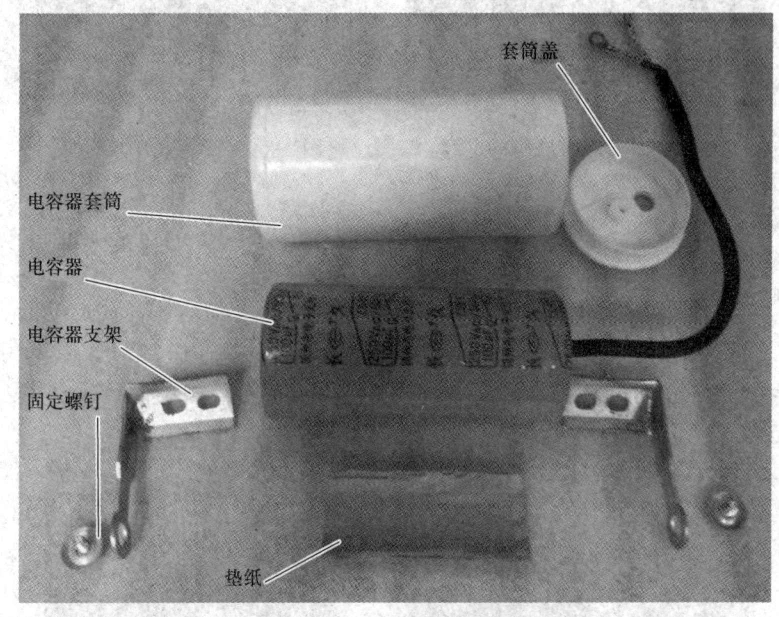

图 3-67　电容器装配主要材料

2）电容器套筒及支架的安装。大多数单相电动机的电容器，自身没有安装底脚，需要装在专用的塑料套筒中，再用支架固定于电动机的机壳上。其安装过程：将电容器套入电容器套筒内，并用垫纸塞住（防止松动而产生异响），盖上套筒盖，用螺钉及专用垫片固定两端的电容器支架，如图 3-69 所示。最后用带垫片的螺钉将两支架固定到机壳的电容器安装螺孔上。注意，一般每个支架有两个螺孔，先用螺钉固定一端其中的一个，然后再固定另一端其中的一个，此时需要适当调整支架位置，以保证电容器支架能抱紧电容器，然后再紧固其余支架螺钉，如图 3-70 所示。

图 3-68　安装带底脚的电容

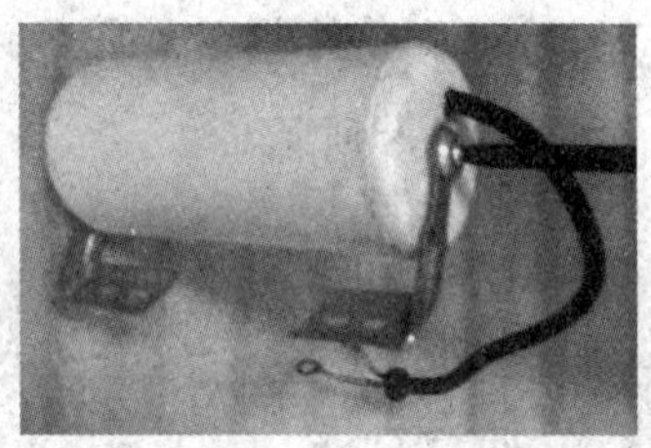

图 3-69　安装电容器支架

如电动机有两个电容器（见图 3-71），依上述步骤再安装另一侧的电容器即可。

此外，部分装在内部的电容器，可以不用电容器套筒，而是用卡圈直接扣住，再将卡圈安装到出线盒内或后风扇罩内的后端盖上。

图 3-70　电容器（带支架）安装

图 3-71　双电容电机

3. 电容器的接线

每个电容器均有两根引线（一般已连接上端子），接线时将其分别固定在接线端子相应的位置。接好线的电动机如图 3-72 所示。注意：接线时走线要规范，较长的线需按要求用线扣固定或绑扎。

图 3-72　电容器接线

模块 7　电机自动化生产设备介绍

一、概述

随着智能制造等技术的发展，电机生产过程的自动化程度也越来越高，根据自动化程度的高低，电机自动化生产设备又分为半自动化、全自动化及智能化设备等。半自动化电机生产设备主要是对电机装配的部分工序实行自动化、机械化操作，而一些辅助工作仍由人工完成，如电机定子自动热套（或冷压）设备、电机转子轴承装配设备等。全自动化设备是在半自动化设备的基础上，辅加更多的自动流转线、机械手（或机器人），以实现自动化程度更高的电机生产设备，其过程只需人工操作设备的开关，整个过程所需人员数量很少。智能化设备是在自动化设备基础上，增加自动识别等系统，为自动化操作提供依据或判定，实现电机装配智能化。

二、电机自动装配线介绍

电机自动装配线现场如图 3-73 所示，该自动装配线的工序与之前电机装配介绍的内容基本一致，只是在自动装配线中的部分工序采用了自动化设备替代传统的人工操作，如人工装电机端盖改用伺服压机操作，转子的轴承压装采用自动轴承压装机完成等。整个装配过程工人只是进行一些辅助的操作，如电动机零部件的上下架、电动机压装前定子引线的穿孔等，工人的劳动强度得到很大的降低，产品装配的一致性提高，生产效率也得到极大的提高。这样的一套装配线，只需 4~5 个操作工人，每班可装配中小型电动机 1 300 多台。

图 3-73　电机自动装配线现场图

三、其他电机自动化生产设备简介

不同类型的电机，其生产加工所采用的自动化设备也有所不同，下面简单介绍中小型电机比较常用且比较有代表性的一些主要自动化生产设备。

1. 电机定子线圈自动绕线机

自动绕线机主要是实现线圈在绕线过程的自动排线，而且可以实现多组线圈同时绕线。传统线圈绕线一般只能一次装一副模板，依次绕每个线圈，而自动绕线机可以一次装多个线圈模板，一次可以绕制多个线圈，这样大大提高了效率，并且能使绕成的线圈排线整齐，有利于嵌线。图 3-74 所示为一款自动绕线机。

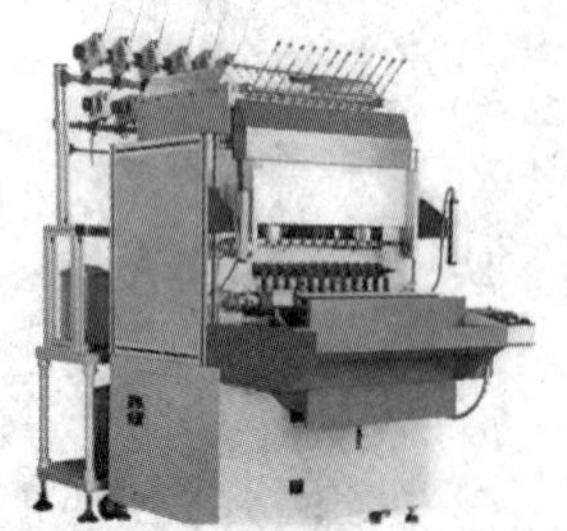

图 3-74　自动绕线机

2. 电机自动嵌线设备

电机自动嵌线设备是电机生产企业中取代人工嵌线最普遍的电机自动化生产设备之一。现在批量较大的电机嵌线基本都采用自动嵌线机。图 3-75 所示为一款电机定子线圈的电机自动嵌线机，其主要操作是将已绕好的电机线圈套入工装，然后借助工装将线圈嵌入定子铁芯的槽内。该设备在实际生产中还需配套割槽绝缘纸机、插槽纸机等进行工作。

图 3-75　电机自动嵌线机

3. 电机定子端部整形及绑线设备

上述嵌线的电机定子，需要通过定子端部整形机（见图 3-76）将定子端部整形成规定的形状和尺寸，然后用定子端部绑线机（见图 3-77）将定子端部用绑扎线绑紧，再经过精整线机整形，使定子线圈端部达到并保持规定的形状及尺寸。

图 3-76　定子端部整形机

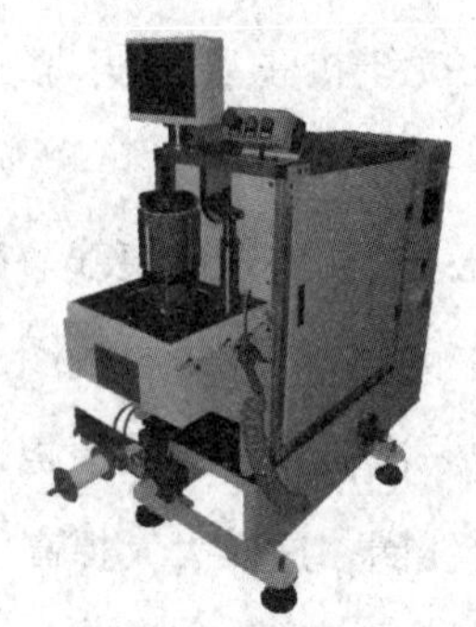

图 3-77　定子端部绑线机

模块 8　电机装配自检与故障排除

一、电机装配后的自检

在电机装配之后，操作者需对所装配的电机进行检查，合格后才可提交出厂试验。装配后的自行检查包括以下内容。

1. 外观检查

（1）外观缺陷检查。外观是否有缺陷，如前后端盖外表、机壳是否有裂缝，散热片是否出现断裂或缺口等。

(2) 紧固件检查。查看前后端盖与机壳止口配合面是否到位，紧固件是否都上紧。

(3) 轴肩检查。查看电机轴伸的轴肩是否高出端盖面，即通常所说的露肩。

(4) 引出线检查。查看电机接线是否正确，引出线标识是否齐全。

2. 转动检查

用手转动电机轴伸，感觉转动是否灵活、顺畅，是否有刮擦或异响。

以上检查如有不符合要求的，需进行返工处理后再提交出厂检验。

二、电动机的故障、原因及排除

1. 三相异步电动机的故障、原因及排除方法

这里主要介绍三相异步电动机装配后出厂试验时经常出现的故障、原因及排除方法，见表 3-2。

表 3-2　三相异步电动机装配后出厂试验时经常出现的故障、原因及排除方法

故障现象	原因分析	故障排除方法
1. 不能起动	电动机装配后试验不能起动，多是电动机内部原因，常见的有： (1) 定子引出线或绕组断路 (2) 定子绕组相间短路或接地 (3) 定子绕组接线错误	(1) 查找断点并修复 (2) 测试检查并修复 (3) 检查绕组接线并改正

续表

故障现象	原因分析	故障排除方法
2. 绝缘电阻过低或外壳带电	（1）绕组受潮，绝缘损坏等 （2）绕组端部碰到端盖，引出线碰接到端盖或出线盒而且破损	（1）干燥绕组，查找绝缘损坏点并修复 （2）拆下端盖，将绕组端部碰到的部位刷上绝缘漆，并加绝缘纸或重新绑扎，引出线破损的需绑扎或加套管
3. 起动困难，转速低	（1）应该按△接的误接成Y接 （2）转子压铸铝断条 （3）定子绕组连接接错	（1）改变连接片，转换接法 （2）更换新转子 （3）检查并改变绕组连接
4. 不正常的振动	（1）转子严重不平衡 （2）机壳强度不够，刚性差 （3）机壳、端盖同心度差，气隙不均匀 （4）轴承严重损坏 （5）定子绕组故障（短路、断路、接地、连接错误等）	（1）拆下转子，重新调整平衡或更换 （2）更换刚性好的机壳 （3）更换机壳或端盖 （4）更换损坏的轴承 （5）查找绕组的故障点并修复
5. 三相电流不平衡，且相差较大	（1）三相绕组匝数不均等、匝间短路或绕组短路 （2）绕组首尾端接错或部分线圈接反	（1）修复或重新嵌线 （2）修复接错的绕组

续表

故障现象	原因分析	故障排除方法
6. 空载电流大	(1) 试验电压与电动机额定电压不符 (2) 定子 Y 接法误接成△接法 (3) 转子铁芯外圆加工太小，气隙增大 (4) 铁芯材料的导磁性能差 (5) 定子、转子铁芯错位，铁芯有效长度减小 (6) 定子铁芯压不实，有效长度不够 (7) 定子绕组匝数少 (8) 线圈节距嵌错或线圈接错（应该串联的接成并联） (9) 轴承损坏或机械原因造成转动不顺畅	(1) 核实并更改试验电压 (2) 改正接法 (3) 测量转子外径，若确认太小需更换 (4) 更换电动机定子、转子铁芯 (5) 重新调整铁芯位置 (6) 铁芯压不实的需要更换 (7) 绕组匝数太少，需重新绕制 (8) 嵌线出错的需重新嵌线，接错的需返工改正 (9) 更换损坏的轴承或排除机械故障点
7. 电动机运行发热严重或冒烟	电动机空转后，其温度慢慢升高，一般情况下，其外壳温度会达到 50~70 ℃，但其温度是缓慢上升的。当电动机空载或负载运转不久温度就升到很高甚至冒烟或有烧焦味时，说明电动机发热严重，造成的原因有： (1) 绕组匝间短路或接线错误 (2) 转子与定子铁芯刮擦（扫膛） (3) 绕线数据出错 (4) 转子铸铝断槽	(1) 修复绕组或重新接线 (2) 检查刮擦点，修磨或更换铁芯 (3) 更改数据，重嵌定子绕组 (4) 更换转子

2. 单相异步电动机的故障、原因及排除方法

上述三相异步电动机出现的故障及原因分析大部分内容也适用于单相异步电动机，由于单相异步电动机有电容器及离心开关，因此也增加了这两个部件的故障，具体见表3-3。

表3-3　单相异步电动机经常出现的故障、原因及排除方法

故障现象	原因分析	故障排除方法
1. 不能起动	（1）定子引出线或绕组断路 （2）定子绕组相间短路或接地 （3）定子主、副绕组接错 （4）电容器损坏或接线错误	（1）~（3）的原因，在确认故障点后修复 （4）更换电容器或更改接线
2. 电动机在正常电压下起动缓慢，低速运转	（1）起动电容器失效（电容值降低或没电容值） （2）主、副绕组接反，副绕组匝间短路或接地 （3）定子、转子相擦，轴承卡住等	（1）更换失效的电容器 （2）改正错误接线，更换或修复绕组 （3）修复相擦位置或更换轴承
3. 电动机起动后，转速低于正常转速	（1）主绕组匝间短路或对地短路 （2）主、副绕组接错 （3）离心开关距离不正确或故障，以致无法打开，使副绕组不能脱离电源	（1）~（2）的原因，在确认后修复或更改接线 （3）调整或更换离心开关

续表

故障现象	原因分析	故障排除方法
4. 电动机运行发热严重或冒烟	(1) 绕组匝间短路或接线错误 (2) 转子与定子铁芯刮擦（扫膛） (3) 绕组数据用错（电压或频率不一致） (4) 转子铸铝断条 (5) 铁芯的材料性能不好，铁芯叠压不紧或铁芯长度不够，定子、转子铁芯错位等 (6) 离心开关没有打开，运转电容器的容值较低或无容值造成电动机低转速运行	(1) 查找绕组故障点并修复 (2) 修复刮擦处或更换损坏部件 (3) 确认绕组数据，更换正确绕组 (4) 更换转子 (5) 更换铁芯或调整铁芯位置 (6) 排查故障点，修复或更换离心开关或电容器

其他故障情况处理可参考表 2-6 及表 3-2。

培训大纲建议

一、培训目标

通过培训，培训对象可以在普通电机生产企业电机装配岗位完成电机零部件和总成组合装配与调试工作。

1. 理论知识培训目标

(1) 了解电机装配工应具备的职业道德和工作职责。

(2) 掌握电工基本知识及安全生产知识。

(3) 了解电动机的基本工作原理、分类及结构。

(4) 了解电动机的用途、运行及主要故障等理论知识。

(5) 掌握电动机引出线标识及接线方法。

2. 操作技能培训目标

(1) 掌握电动机装配各工序的基本操作技能，能完成电动机的装配。

(2) 能进行电机装配后的自检、调整。

(3) 能排除电动机主要故障，能进行电动机返工及维修操作。

二、培训课时安排

总课时数：84 课时

理论知识课时数：42 课时

操作技能课时数：31 课时

复习测试课时数：11 课时

具体分配课时见下表。

培训课时分配表

<table>
<tr><th>培训内容</th><th>理论知识课时</th><th>操作技能课时</th><th>总课时</th><th>培训建议</th></tr>
<tr><td>第 1 单元　岗位认知和安全生产知识</td><td>4</td><td>0</td><td>4</td><td rowspan="4">重点：岗位职责和安全生产知识
难点：质量管理知识
建议：学员必须了解本岗位的职责和素质要求，明白安全生产的重要性，了解相关质量管理知识</td></tr>
<tr><td>模块 1　电机装配工岗位职责和素质要求</td><td>1</td><td>0</td><td>1</td></tr>
<tr><td>模块 2　安全生产知识</td><td>2</td><td>0</td><td>2</td></tr>
<tr><td>模块 3　质量管理及质量意识</td><td>1</td><td>0</td><td>1</td></tr>
<tr><td>第 2 单元　电机装配基础知识</td><td>16</td><td>3</td><td>19</td><td rowspan="5">重点：电动机的运行、电动机的结构
难点：电动机基本原理、识图知识
建议：介绍电工的常识及读图的基本知识，了解电动机的基本原理，主要应用及运行，结合电动机模型或现场实物介绍电动机的基本结构</td></tr>
<tr><td>模块 1　电工常识</td><td>2</td><td>0</td><td>2</td></tr>
<tr><td>模块 2　电动机基本原理、应用及运行</td><td>5</td><td>0</td><td>5</td></tr>
<tr><td>模块 3　机械识图基础知识</td><td>3</td><td>0</td><td>3</td></tr>
<tr><td>模块 4　电动机结构简介</td><td>6</td><td>3</td><td>9</td></tr>
</table>

续表

培训内容	理论知识课时	操作技能课时	总课时	培训建议
第 3 单元　电机装配操作技能	22	28	50	**重点**：电机整机装配 **难点**：电机的自检、调整及故障排除 **建议**：结合电动机实物（或模型）进行授课。全体学员都要进行操作训练
模块 1　电机装配前零部件的清理	2	1	3	
模块 2　电机轴承装配	3	1	4	
模块 3　有绕组定子铁芯与机壳的装配	3	3	6	
模块 4　整机装配	4	7	11	
模块 5　接线盒装配	2	2	4	
模块 6　单相电动机离心开关及电容器安装	3	7	10	
模块 7　电机自动化生产设备介绍	1	0	1	
模块 8　电机装配自检与故障排除	4	7	11	
合计	42	31	73